数学ガールの秘密ノート

Mathematical Girls: The Secret Notebook (Matrix)

行列が描くもの

結城 浩
Hiroshi Yuki

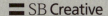

●ホームページのお知らせ

本書に関する最新情報は、以下の URL から入手することができます。

    http://www.hyuki.com/girl/

この URL は、著者が個人的に運営しているホームページの一部です。

Ⓒ 2018 本書の内容は著作権法上の保護を受けております。著者・発行者の許諾を得ず、無断で複製・複写することは禁じられております。

あなたへ

　この本では、ユーリ、テトラちゃん、リサ、ミルカさん、そして「僕」が数学トークを繰り広げます。

　彼女たちの話がよくわからなくても、数式の意味がよくわからなくても、先に進んでみてください。でも、彼女たちの言葉にはよく耳を傾けてね。

　そのとき、あなたも数学トークに加わることになるのですから。

登場人物紹介

「僕」
高校生、語り手。
数学、特に数式が好き。

ユーリ
中学生、「僕」の従妹(いとこ)。
栗色のポニーテール。論理的な思考が好き。

テトラちゃん
「僕」の後輩の高校生、いつも張り切っている《元気少女》。
ショートカットで、大きな目がチャームポイント。

リサ
「僕」の後輩。寡黙な《コンピュータ少女》。
真っ赤な髪の高校生。

ミルカさん
「僕」のクラスメートの高校生、数学が得意な《饒舌才媛(じょうぜつさいえん)》。
長い黒髪にメタルフレームの眼鏡。

C O N T E N T S

あなたへ —— iii
プロローグ —— ix

第1章 ゼロを作ろう —— 1

1.1 ゼロとは何か —— 1
1.2 不思議な数 —— 6
1.3 行列 —— 8
1.4 行列の和 —— 15
1.5 行列の差 —— 20
1.6 ゼロを作ろう —— 22
● 第1章の問題 —— 31

第2章 イチを作ろう —— 37

2.1 イチを作ろう —— 37
2.2 数の積を考える —— 41
2.3 行列の積 —— 42
2.4 他の成分 —— 44
2.5 単位行列を作る —— 47
2.6 掛け算ができないとき —— 56
2.7 足し算ができないとき —— 59
2.8 不思議な数、再び —— 61
2.9 行列の割り算 —— 67
● 第2章の問題 —— 86

第3章 アイを作ろう —— 91

3.1 テトラちゃん —— 91
3.2 交換法則 —— 94

- 3.3 AB ≠ BA になる例 —— 98
- 3.4 分配法則 —— 102
- 3.5 結合法則 —— 106
- 3.6 行列は何を表すか —— 111
- 3.7 アイを作ろう —— 113
- 3.8 J を求めよう —— 116
- 3.9 ミルカさん —— 120
- 3.10 複素数 —— 123
  - ●第3章の問題 —— 132

第4章 星空トランスフォーム —— 135

- 4.1 リサ —— 135
- 4.2 行列 $\begin{pmatrix} 3 & 0 \\ 0 & 2 \end{pmatrix}$ —— 152
- 4.3 行列 $\begin{pmatrix} 2 & 1 \\ 1 & 3 \end{pmatrix}$ —— 154
- 4.4 和との交換 —— 162
- 4.5 定数倍との交換 —— 173
  - ●第4章の問題 —— 181

第5章 行列式で決まるもの —— 185

- 5.1 行列の積 —— 185
- 5.2 線型変換の合成 —— 188
- 5.3 逆行列と逆変換 —— 195
- 5.4 逆行列の存在 —— 200
- 5.5 行列式と逆行列 —— 205
- 5.6 行列式と面積 —— 206
- 5.7 行列式とベクトル —— 207
- 5.8 ユーリ —— 210
- 5.9 連立方程式 —— 212
- 5.10 行列式と零因子 —— 220
  - ●第5章の問題 —— 223

エピローグ —— 227
解答 —— 235
もっと考えたいあなたのために —— 297
あとがき —— 317
参考文献と読書案内 —— 321
索引 —— 322

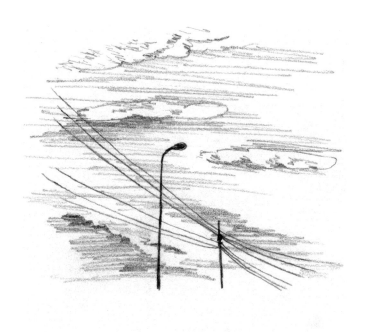

プロローグ

空を見よ。
空に広がる雲を見よ。
雲が描く空を見よ。

空を見よ。
空に広がる星を見よ。
星が描く空を見よ。

雲を掴め。
星を散らせ。
空のすべてを──描き尽くせ。

第1章
ゼロを作ろう

"ゼロとは、何もないことだろうか。"

1.1 ゼロとは何か

ユーリ「ねー、お兄ちゃん。ゼロって何？」

僕「なんだよ、いきなり」

　僕は高校生。ここは僕の部屋。
　ユーリは中学生。彼女は僕のいとこ。
　近所に住んでいるユーリは、僕の部屋にいつも遊びにくる。
　僕はユーリの兄ではないけれど、彼女は小さいころから僕を《お兄ちゃん》と呼ぶ。

ユーリ「いーから！　ねー、ゼロっていったい何？」

僕「0は数だよ」

ユーリ「0 が数なのは知ってるけど、1 や 2 だって数でしょ？　ねーねー、0 っていったいどーゆー数？」

僕「0 とはどういう数か——うん、

　　　　0 とは、どんな数に加えても値が変わらない数

といえばいいかな」

ユーリ「あたいが変わらない？」

僕「たとえば、123 という数に 0 を加えても、値は 123 のまま変わらないよね。つまり、

$$123 + 0 = 123$$

ということ」

ユーリ「そだね。123 に 0 足しても同じ」

僕「もちろん、123 に限らないよ。

$$12345 + 0 = 12345$$
$$100 + 0 = 100$$
$$3.14 + 0 = 3.14$$
$$999 + 0 = 999$$
$$-3 + 0 = -3$$
$$0 + 0 = 0$$

どんな数でもいいから、それを a という文字で表すことにしよう。そうすると、

$$a + 0 = a$$

が成り立つ。つまり、どんな数 a に対しても $a+0$ と a の値は等しい。0 はそういう数だし、そういう数は 0 だけ」

ユーリ「うーん……他の説明もあるの？」

僕「他の説明？ そうだなあ、

0とは、どんな数に掛けても、値が0になる数

という説明もあるね。たとえば、123という数に0を掛けると値は0になってしまう。つまり、

$$123 \times 0 = 0$$

ということ。どんな数 a に対しても、

$$a \times 0 = 0$$

が成り立つ。0はそういう数だし、そういう数は0だけ」

ユーリ「おっと！ それそれ！」

僕「え？ 何で急に食いついてきたんだ？」

ユーリ「エーとビーを掛けて0になる話、もっと聞きたい！」

僕「いいよ。a と b の掛け算を ab と書くのは知っているよね」

ユーリ「知ってる」

僕「もしも、

$$ab = 0$$

が成り立つなら、a か b の少なくとも片方は0になる」

ユーリ「a が0かもしれないし、b が0かもしれない」

僕「もしかしたら、a と b の両方が0かもしれない」

ユーリ「そーだね」

僕「$a = 0$ と $b = 0$ の少なくとも片方が成り立つことを、

$$a = 0 \text{ または } b = 0$$

と書く。$ab = 0$ ならば、$a = 0$ または $b = 0$ が成り立つことを、

$$ab = 0 \implies a = 0 \text{ または } b = 0$$

と書く。**逆**に、$a = 0$ または $b = 0$ ならば、$ab = 0$ が成り立つことを、

$$ab = 0 \impliedby a = 0 \text{ または } b = 0$$

と書く。この両方を合わせて、

$$ab = 0 \iff a = 0 \text{ または } b = 0$$

と書く」

ユーリ「同じってことでしょ?」

僕「そうだね。

$$ab = 0$$

が成り立つことと、

$$a = 0 \text{ または } b = 0$$

が成り立つことは、論理的に同じこと。この二つは**同値**であるというね」

ユーリ「ねえ、お兄ちゃん。$ab = 0$ なのに、a と b がどちらも 0 じゃない——なんてことはないよね?」

僕「ないね。a と b の少なくとも片方は 0 のはずだから」

ユーリ「そーだよね! うーん……」

僕「何をうなっているんだろう。$ab = 0$ と $a = 0$ または $b = 0$ が

同値であるっていうのは、大事なことだよ」

ユーリ「そんなに大事なの?」

僕「そうだね。たとえば、二次方程式を解くときにも使うよ」

ユーリ「へえ!」

僕「たとえば、

$$x^2 - 5x + 6 = 0$$

のような二次方程式を解くとき、$x^2 - 5x + 6$ という式を $(x-2)(x-3)$ という形に直す。**因数分解**をするよね」

$$x^2 - 5x + 6 = 0 \qquad \text{この二次方程式を解きたい}$$
$$(x-2)(x-3) = 0 \qquad \text{左辺を因数分解した}$$

ユーリ「そだね。いんすうぶんかい」

僕「因数分解というのは掛け算の形——つまり《積の形》にすること。この因数分解では $x-2$ と $x-3$ の《積の形》にしている。そしてなぜ《積の形》にするかというと、

$$ab = 0 \iff a = 0 \text{ または } b = 0$$

を使いたいからなんだ。

$$\underbrace{(x-2)}_{a}\underbrace{(x-3)}_{b} = 0 \iff \underbrace{x-2}_{a} = 0 \text{ または } \underbrace{x-3}_{b} = 0$$

……こんなふうにね」

ユーリ「2 と 3」

僕「そうだね。二次方程式 $x^2 - 5x + 6 = 0$ の解は $x = 2$ または $x = 3$

になる。$x^2 - 5x + 6$ という《和の形》よりも、$(x-2)(x-3)$ という《積の形》の方が、二次方程式の解はよく見えるんだね。だから $ab = 0$ のように《積の形》が 0 になるときはとても大事」

ユーリ「だよねー……じゃ、やっぱり変だにゃあ」

僕「ユーリはさっきから何を気にしているんだろう」

1.2 不思議な数

ユーリ「あのね、こないだね、友達が学校で変なこと言ってたの」

僕「ボーイフレンド」

ユーリ「違うもん!……あのね、こんな《不思議な数》ってある?」

《不思議な数》
AB はゼロに等しいけど、A と B はどちらもゼロじゃない。

僕「積がゼロなのに、どちらもゼロじゃない……」

ユーリ「そんな数なんてないって言ったんだけど、作ればあるって言われた。数って作れるの?」

僕「ああ、そういう話か。あのね、僕たちがふだん使っている数では《不思議な数》のようなことは絶対に起きないよ。でも、《不思議な数》のような性質を持つものを作ることはできる

ね。たとえば、**行列**というものを考えると《不思議な数》と同じことは起きるよ」

ユーリ「ぎょうれつ」

僕「数学には、行列という《数のようなもの》があるんだ。そして行列は足し算をしたり掛け算をしたり——ちょうど数のように計算できる」

ユーリ「計算できる行列……」

僕「そして行列では、ABはゼロに等しいのに、AとBのどちらもゼロじゃない——なんて場合があるんだよ」

ユーリ「数みたいだけど数じゃない。何いってるかわかんない」

僕「行列は数みたいだけど、僕たちがふつうに使っている数とは違うところもある。そういうふうに作られてる」

ユーリ「数みたいなものを作るってどーゆーこと？」

僕「行列とはどういうものか、行列同士の足し算はどうなるか、掛け算はどうか——それをぜんぶ**定義**していくってこと」

ユーリ「ややこしいことするんだね。難しそう」

僕「難しくないよ。行列が計算できるとおもしろいこともできる。たとえば、行列を使って星空をぐるっと回すこともできるんだよ」

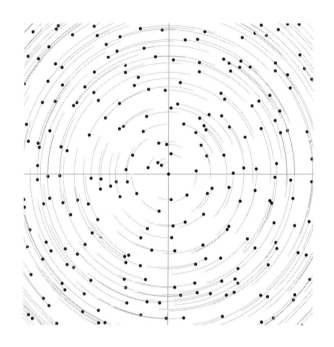

ユーリ「星空を回すって……数の話じゃなかったの?」

僕「順を追って話していこうか」

ユーリ「話して話して!」

1.3 行列

僕「まず、行列の簡単な例から話すね。こんなふうに数を並べたものを行列という」

> **行列の例**
> $$\begin{pmatrix} 1 & 2 \\ 3 & 4 \end{pmatrix}$$

ユーリ「いち、に、さん、よん」

僕「そうだね。$1, 2, 3, 4$ のところに書くのはどんな数でもいいんだけど、とにかくこんなふうに並べる。並べてカッコでくくれば行列がひとつできあがり」

ユーリ「へー」

僕「この行列 $\bigl(\begin{smallmatrix}1&2\\3&4\end{smallmatrix}\bigr)$ には**行**が 2 個ある。$1\ 2$ が 1 行目で、$3\ 4$ が 2 行目だね」

```
1 行目 ——( 1  2 )→
2 行目 ——( 3  4 )→
```

ユーリ「はー」

僕「それから、この行列には**列**が 2 個ある。$\begin{smallmatrix}1\\3\end{smallmatrix}$ が 1 列目で——」

ユーリ「$\begin{smallmatrix}2\\4\end{smallmatrix}$ が 2 列目」

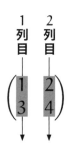

僕「そういうこと。行が 2 個。列が 2 個。だから 2 × 2 **行列**と呼ぶ。ほらね、ぜんぜん難しくないだろ？」

ユーリ「難しくないけど、おもしろくもない」

僕「行列は $\begin{pmatrix} 1 & 2 \\ 3 & 4 \end{pmatrix}$ でなくてもいい。1, 2, 3, 4 の代わりに別の数を入れたものも、ぜんぶ 2 × 2 行列になるよ。こんなふうに」

---

2 × 2 行列の例

$$\begin{pmatrix} 1 & 2 \\ 3 & 4 \end{pmatrix} \qquad \begin{pmatrix} 3 & 1 \\ 4 & 1 \end{pmatrix} \qquad \begin{pmatrix} 10 & 21 \\ \frac{1}{2} & -4.25 \end{pmatrix}$$

ユーリ「ふんふん？」

僕「いま書いた行列はどれも 2 × 2 行列になる。でも、行列を一般的に考えるときは行と列がそれぞれ何個あってもいい」

ユーリ「3 × 3 行列とか」

僕「そうだね。行と列の個数が違ってもいいよ」

さまざまな行列の例

2×2 **行列** $\begin{pmatrix} 1 & 2 \\ 3 & 4 \end{pmatrix}$ $\begin{pmatrix} 3 & -4 \\ 0 & 1 \end{pmatrix}$ $\begin{pmatrix} 2.2 & \sqrt{2} \\ -\pi & \frac{1}{2} \end{pmatrix}$

3×3 **行列** $\begin{pmatrix} 1 & 2 & 3 \\ 4 & 5 & 6 \\ 7 & 8 & 9 \end{pmatrix}$ $\begin{pmatrix} 0 & 3 & 7 \\ -1 & 5 & 0 \\ 4 & 1.3 & 100 \end{pmatrix}$

2×4 **行列** $\begin{pmatrix} 1 & 2 & 3 & 4 \\ 5 & 6 & 7 & 8 \end{pmatrix}$ $\begin{pmatrix} 1 & 5 & 9 & 2 \\ 6 & 5 & 3 & 5 \end{pmatrix}$

4×2 **行列** $\begin{pmatrix} 1 & 2 \\ 3 & 4 \\ 5 & 6 \\ 7 & 8 \end{pmatrix}$ $\begin{pmatrix} 2 & 3 \\ 3 & 4 \\ 8 & 5 \\ 4 & 2 \end{pmatrix}$ $\begin{pmatrix} 1 & 8 \\ 7 & 9 \\ 1 & 2 \\ 4 & 2 \end{pmatrix}$

1×2 **行列** $\begin{pmatrix} 1 & 2 \end{pmatrix}$ $\begin{pmatrix} 3 & -4 \end{pmatrix}$ $\begin{pmatrix} 2.2 & \sqrt{2} \end{pmatrix}$

2×1 **行列** $\begin{pmatrix} 1 \\ 2 \end{pmatrix}$ $\begin{pmatrix} 3 \\ 0 \end{pmatrix}$ $\begin{pmatrix} 2.2 \\ -\pi \end{pmatrix}$

1×1 **行列** $\begin{pmatrix} 1 \end{pmatrix}$

ユーリ「ふんふん」

僕「2×2 行列や、3×3 行列のように、行と列が同じ個数の行列のことを**正方行列**ということもある」

> **正方行列の例**
>
> $$\begin{pmatrix} 1 & 2 \\ 3 & 4 \end{pmatrix} \qquad \begin{pmatrix} 1 & 2 & 3 \\ 4 & 5 & 6 \\ 7 & 8 & 9 \end{pmatrix} \qquad \begin{pmatrix} 1 & 2 & 3 & 4 \\ 5 & 6 & 7 & 8 \\ 9 & 10 & 11 & 12 \\ 13 & 14 & 15 & 16 \end{pmatrix}$$
>
> 二次の正方行列　　三次の正方行列　　四次の正方行列

ユーリ「ああ……正方形みたいだから」

僕「二次の正方行列——つまり、2×2 行列の定義はこうなる」

> **2×2 行列**
>
> a, b, c, d を数とする。このとき、
>
> $$\begin{pmatrix} a & b \\ c & d \end{pmatrix}$$
>
> を 2×2 行列という。

ユーリ「ふーん……」

僕「一般的にいえば、$m \times n$ 行列の定義はこうだね」

> **m × n 行列**
>
> - m と n は正の整数とする。
> - $j = 1, 2, \ldots, m$ とする。
> - $k = 1, 2, \ldots, n$ とする。
> - a_{jk} は数とする。
>
> このとき、
>
> $$\begin{pmatrix} a_{11} & a_{12} & \cdots & a_{1n} \\ a_{21} & a_{22} & \cdots & a_{2n} \\ \vdots & \vdots & \ddots & \vdots \\ a_{m1} & a_{m2} & \cdots & a_{mn} \end{pmatrix}$$
>
> を m × n 行列という。

ユーリ「むむむ。a_{jk} って?」

僕「うん、行列に並べる数を一般的に書きたいから、j と k という文字を使っただけだよ。a_{jk} の jk は j と k の掛け算じゃなくて、

　　j 行目の k 列目

を表すことにする。つまり、a_{jk} というのは、j 行目の k 列目に並んでいる数を表すことにしよう」

ユーリ「どっちが行でどっちが列だっけ?」

僕「行は横の並び、列は縦の並び。漢字を使った覚え方もあるよ」

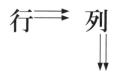

ユーリ「ほー!」

僕「j 行目というのは上から j 番目の横の並びのことで、k 列目というのは左から k 番目の縦の並びになるんだ。そして、j 行目の k 列目にある数を a_{jk} と書く」

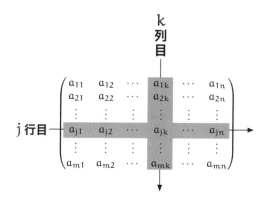

ユーリ「結局、行列って数を表みたいに並べたもの?」

僕「そうだね。2×2 行列は一般的に、

$$\begin{pmatrix} a & b \\ c & d \end{pmatrix}$$

のように書くこともあれば、

$$\begin{pmatrix} a_{11} & a_{12} \\ a_{21} & a_{22} \end{pmatrix}$$

のように書くこともある——難しくないだろ?」

ユーリ「難しくないけど、やっぱりおもしろくもない」

僕「もう少し進むとおもしろくなるよ」

ユーリ「だといいけどにゃあ」

ユーリは猫語でそう言って腕組みをする。

1.4 行列の和

僕「行列は数みたいなものだから、行列同士で計算をしたい。2×2 行列を使って行列の和を考えよう。つまり行列の足し算だね」

ユーリ「行列の足し算」

僕「二つの行列 $\begin{pmatrix} 1 & 2 \\ 3 & 4 \end{pmatrix}$ と $\begin{pmatrix} 20 & 5 \\ 0 & 3 \end{pmatrix}$ の和は、こんなふうになる」

$$\begin{pmatrix} 1 & 2 \\ 3 & 4 \end{pmatrix} + \begin{pmatrix} 20 & 5 \\ 0 & 3 \end{pmatrix} = \begin{pmatrix} 1+20 & 2+5 \\ 3+0 & 4+3 \end{pmatrix}$$

ユーリ「そんなこと、何でわかるの?」

僕「あ、いやいや。行列の和がこうなることが*わかる*というわけじゃなくて、行列の和というものをこのように*決める*ということ。僕たちは行列というものを作っているんだけど、行列の和はこのように定義するよ、という話」

ユーリ「定義する……」

僕「うん。いまのは具体的な行列の和だったけど、一般的にはこのように定義する」

行列の和

二つの行列 $\begin{pmatrix} a_{11} & a_{12} \\ a_{21} & a_{22} \end{pmatrix}$ と $\begin{pmatrix} b_{11} & b_{12} \\ b_{21} & b_{22} \end{pmatrix}$ との和を、

$$\begin{pmatrix} a_{11} & a_{12} \\ a_{21} & a_{22} \end{pmatrix} + \begin{pmatrix} b_{11} & b_{12} \\ b_{21} & b_{22} \end{pmatrix} = \begin{pmatrix} a_{11} + b_{11} & a_{12} + b_{12} \\ a_{21} + b_{21} & a_{22} + b_{22} \end{pmatrix}$$

で定義する。

ユーリ「……」

僕「ね。これで定義できただろ?」

ユーリ「『ね』とか言われても、わかんないよ! こんな式だけ出されてもさー」

僕「ユーリは『わかんない!』とはっきり言ってくれるから話しやすいな。まず、$a_{11}, a_{12}, a_{21}, a_{22}$ や $b_{11}, b_{12}, b_{21}, b_{22}$ はぜんぶ数だとしよう。そうすると、これはどちらも 2×2 行列だよね?」

$$\begin{pmatrix} a_{11} & a_{12} \\ a_{21} & a_{22} \end{pmatrix} \quad \begin{pmatrix} b_{11} & b_{12} \\ b_{21} & b_{22} \end{pmatrix}$$

ユーリ「そだね。数を並べてるから」

僕「いまから僕たちは《行列の和》を定義したい。つまり、次の

式が何を表しているかを決めたい」

$$\begin{pmatrix} a_{11} & a_{12} \\ a_{21} & a_{22} \end{pmatrix} + \begin{pmatrix} b_{11} & b_{12} \\ b_{21} & b_{22} \end{pmatrix}$$

ユーリ「何を表しているかって……足してるんじゃないの?」

僕「そうだね、行列と行列の間にプラス(+)が書いてあるから、行列同士を足しているように見える。でも、行列同士を足すっていうのが具体的にどういう計算なのかを僕たちは決めたいんだよ。定義したい」

ユーリ「ほほー」

僕「《行列の和》を、《数の和》を使って定義する——それが、さっき書いたこの式なんだ」

$$\begin{pmatrix} a_{11} & a_{12} \\ a_{21} & a_{22} \end{pmatrix} + \begin{pmatrix} b_{11} & b_{12} \\ b_{21} & b_{22} \end{pmatrix} = \begin{pmatrix} a_{11}+b_{11} & a_{12}+b_{12} \\ a_{21}+b_{21} & a_{22}+b_{22} \end{pmatrix}$$

ユーリ「こんなふうに決めたってこと?」

僕「その通り。行列の和を具体的に計算してみよう」

問題 1-1(行列の和)
次の行列の和を求めよ。

$$\begin{pmatrix} 10 & 20 \\ 30 & 40 \end{pmatrix} + \begin{pmatrix} 5 & 3 \\ -10 & 0 \end{pmatrix}$$

ユーリ「カンタンじゃん。だって、数を足せばいーんでしょ?」

僕「そうだね。**成分**(せいぶん)同士を足せばいい」

ユーリ「せいぶん？」

僕「行列 $\begin{pmatrix} 10 & 20 \\ 30 & 40 \end{pmatrix}$ に書かれている数 $10, 20, 30, 40$ のことを、行列の成分っていうんだよ。要素というときもある」

ユーリ「ふーん」

僕「行列 $\begin{pmatrix} 5 & 3 \\ -10 & 0 \end{pmatrix}$ の成分は何だかわかる？」

ユーリ「5 と 3 と −10 と 0」

僕「そうだね。だから、行列の和は、対応する成分同士の和で定義しているともいえる」

ユーリ「要するに、成分を足すんだから……」

$$\begin{pmatrix} 10 & 20 \\ 30 & 40 \end{pmatrix} + \begin{pmatrix} 5 & 3 \\ -10 & 0 \end{pmatrix} = \begin{pmatrix} 10+5 & 20+3 \\ 30-10 & 40+0 \end{pmatrix}$$
$$= \begin{pmatrix} 15 & 23 \\ 20 & 40 \end{pmatrix}$$

ユーリ「だから、行列の和は $\begin{pmatrix} 15 & 23 \\ 20 & 40 \end{pmatrix}$ でしょ！」

僕「はい、正解。途中の $30-10$ の計算は、$30+(-10)$ のつもりで書いたんだよね？」

ユーリ「え？」

僕「行列の和の定義から考えると、成分同士の和を計算するんだから、30 と -10 という二つの成分の和を計算することになる。だから $30+(-10)$ という和を計算したい。そしてそれは $30-10$ という計算をするのと同じこと」

ユーリ「くどいけど、そーだね」

解答 1-1(行列の和)
$$\begin{pmatrix} 10 & 20 \\ 30 & 40 \end{pmatrix} + \begin{pmatrix} 5 & 3 \\ -10 & 0 \end{pmatrix} = \begin{pmatrix} 15 & 23 \\ 20 & 40 \end{pmatrix}$$

僕「難しくないだろ?」

ユーリ「難しくないけど、やっぱりおもしろくないじゃん!」

僕「ユーリは二種類の $+$(プラス)が出てきたのに気づいた?」

ユーリ「へ? 二種類のプラスって?」

僕「僕たちは《行列の和》を《数の和》を使って定義した。数式では $+$ という同じ記号を使ったけど、よく考えると、場所によって違う計算を表していることになるよね」

二種類のプラス

$$\underbrace{\begin{pmatrix} a_{11} & a_{12} \\ a_{21} & a_{22} \end{pmatrix} \blacksquare \begin{pmatrix} b_{11} & b_{12} \\ b_{21} & b_{22} \end{pmatrix}}_{\text{こちらの}\blacksquare\text{は行列の和}} = \begin{pmatrix} a_{11} \blacksquare b_{11} & a_{12} \blacksquare b_{12} \\ a_{21} \blacksquare b_{21} & a_{22} \blacksquare b_{22} \end{pmatrix}$$
$$\underbrace{}_{\text{こちらの}\blacksquare\text{は数の和}}$$

ユーリ「あっ、おもしろい! 同じプラスなのに違う意味!?」

僕「おもしろいよね。次は《行列の差》を定義してみよう」

1.5 行列の差

ユーリ「わかった！ 引き算すればいーんじゃない？」

僕「何の？」

ユーリ「あー、はいはい。成分同士の引き算」

僕「そうだね。行列の差は対応する成分同士の差で定義しよう」

ユーリ「お兄ちゃんって、よく《先生トーク》するよね」

僕「《先生トーク》って何だろうか」

ユーリ「ユーリがまちがったこと言うと、わざとらしく聞き返すの。『何の？』とか『そうかな？』とか『その理由は？』とかね。それって、すごく先生っぽい！ それが《先生トーク》」

僕「なるほどね。でも、そんなに《先生トーク》しているかなあ……ともかく、行列の差はこういう定義だよ」

行列の差

二つの行列 $\begin{pmatrix} a_{11} & a_{12} \\ a_{21} & a_{22} \end{pmatrix}$ と $\begin{pmatrix} b_{11} & b_{12} \\ b_{21} & b_{22} \end{pmatrix}$ との差を、

$$\begin{pmatrix} a_{11} & a_{12} \\ a_{21} & a_{22} \end{pmatrix} - \begin{pmatrix} b_{11} & b_{12} \\ b_{21} & b_{22} \end{pmatrix} = \begin{pmatrix} a_{11} - b_{11} & a_{12} - b_{12} \\ a_{21} - b_{21} & a_{22} - b_{22} \end{pmatrix}$$

で定義する。

ユーリ「ふんふん。これもカンタン。あっ、今度は二種類の — (マイナス) が出てきたね!」

二種類のマイナス

$$\underbrace{\begin{pmatrix} a_{11} & a_{12} \\ a_{21} & a_{22} \end{pmatrix} \blacksquare \begin{pmatrix} b_{11} & b_{12} \\ b_{21} & b_{22} \end{pmatrix}}_{こちらの \blacksquare は行列の差} = \underbrace{\begin{pmatrix} a_{11} \blacksquare b_{11} & a_{12} \blacksquare b_{12} \\ a_{21} \blacksquare b_{21} & a_{22} \blacksquare b_{22} \end{pmatrix}}_{こちらの \blacksquare は数の差}$$

僕「そうだね!——さあ、これで準備ができたよ」

ユーリ「準備?」

僕「行列のゼロを作る準備だよ」

ユーリ「ゼロを作る?」

1.6 ゼロを作ろう

僕「いま僕たちは数のようなものとして行列を作っているよね。行列を定義して、行列の和を定義して、行列の差を定義した。次に**零行列**(ゼロ)を定義したい！」

ユーリ「ぜろぎょうれつ！」

僕「零(れい)行列という人もいるけどね……ともかく、いまこそユーリの発想が輝くときだよ！ 零行列という名前にふさわしい行列は、どう定義したらいいだろうか。零行列の成分はどんな数になっていると思う？」

ユーリ「零行列の成分は……ぜんぶ 0 になってるんじゃない？」

僕「それは、こういう行列のこと？」

$$\begin{pmatrix} 0 & 0 \\ 0 & 0 \end{pmatrix}$$

ユーリ「うん、そう」

僕「どうしてユーリはこれが零行列だと思ったの？」

ユーリ「あー、まちがったかー！」

僕「え？」

ユーリ「まちがいなんでしょ。だって、ほら《先生トーク》で聞き返してきたじゃん。正解だったら、お兄ちゃんは『正解です！ ユーリは賢いなあ！』ってゆーもん」

僕「いやいや、ユーリの考えは正解だよ」

ユーリ「え？ そなの？ $\begin{pmatrix} 0 & 0 \\ 0 & 0 \end{pmatrix}$ でいいの？」

僕「そうだよ。$\begin{pmatrix} 0 & 0 \\ 0 & 0 \end{pmatrix}$ が零行列だ」

零行列

すべての成分が 0 の行列を、零行列という。

$$\begin{pmatrix} 0 & 0 \\ 0 & 0 \end{pmatrix}$$

ユーリ「正解したのに、何で聞き返したの？」

僕「$\begin{pmatrix} 0 & 0 \\ 0 & 0 \end{pmatrix}$ を零行列だと思った理由を知りたかったからだよ」

ユーリ「理由って……それっぽいから」

僕「ユーリはさっき『ゼロって何だろう』って言ってたよね」

ユーリ「うん」

僕「僕たちは数のゼロはよく知ってる。どんな数 a に対しても、

$$a + 0 = a$$

が成り立つような数。それが数のゼロである 0 だよね。だったら、行列のゼロである零行列をどう定義したらいいだろうかというと——」

ユーリ「わかった！ わかった！ 零行列も！」

僕「零行列も？」

ユーリ「どんな行列に零行列を足しても変わらない！」

僕「そうだね。零行列はそういう行列になっていてほしい。さあ、ユーリがさっき言った $\begin{pmatrix} 0 & 0 \\ 0 & 0 \end{pmatrix}$ はどうだろうか。たとえば、$\begin{pmatrix} a_{11} & a_{12} \\ a_{21} & a_{22} \end{pmatrix}$ に対して零行列を加えると——」

ユーリ「変わらない！ だって……

$$\begin{pmatrix} a_{11} & a_{12} \\ a_{21} & a_{22} \end{pmatrix} + \begin{pmatrix} 0 & 0 \\ 0 & 0 \end{pmatrix} = \begin{pmatrix} a_{11}+0 & a_{12}+0 \\ a_{21}+0 & a_{22}+0 \end{pmatrix}$$
$$= \begin{pmatrix} a_{11} & a_{12} \\ a_{21} & a_{22} \end{pmatrix}$$

……だから！」

僕「その通りだね！ どんな行列 $\begin{pmatrix} a_{11} & a_{12} \\ a_{21} & a_{22} \end{pmatrix}$ に対して $\begin{pmatrix} 0 & 0 \\ 0 & 0 \end{pmatrix}$ を足しても、行列の和は $\begin{pmatrix} a_{11} & a_{12} \\ a_{21} & a_{22} \end{pmatrix}$ に等しい。だから、成分がすべて 0 であるような行列のことを零行列と呼ぶことにしよう。そうすると、数との一貫性があってうれしい」

a	$+$	0	$= a$	数
$\begin{pmatrix} a_{11} & a_{12} \\ a_{21} & a_{22} \end{pmatrix}$	$+$	$\begin{pmatrix} 0 & 0 \\ 0 & 0 \end{pmatrix}$	$= \begin{pmatrix} a_{11} & a_{12} \\ a_{21} & a_{22} \end{pmatrix}$	行列

ユーリ「んー、でも変わんないのは当たり前だよね。成分に 0 を足してるだけだから」

僕「ユーリは偉いな」

ユーリ「なになに、どしたの？」

僕「《当たり前》だと思ったら《当たり前》って言うから」

ユーリ「それこそ、当たり前じゃないの？」

僕「《当たり前》って言えるのは、人の話をちゃんと聞いて、自分でよく考えているからだよね。一つ一つを理解して、一歩一歩をきちんと進めている。だからこそ《当たり前》って言える。ユーリは偉いぞ」

ユーリ「照れるじゃん！……もっとほめて」

僕「それはさておき」

ユーリ「ちぇっ」

僕「等しい行列の差はどうなると思う？」

$$\begin{pmatrix} a_{11} & a_{12} \\ a_{21} & a_{22} \end{pmatrix} - \begin{pmatrix} a_{11} & a_{12} \\ a_{21} & a_{22} \end{pmatrix} = \ ?$$

ユーリ「行列の差って、成分同士引き算すればいーんだから、ゼロになる」

$$\begin{pmatrix} a_{11} & a_{12} \\ a_{21} & a_{22} \end{pmatrix} - \begin{pmatrix} a_{11} & a_{12} \\ a_{21} & a_{22} \end{pmatrix} = \begin{pmatrix} 0 & 0 \\ 0 & 0 \end{pmatrix}$$

僕「それでいいね。等しい行列の差は零行列になる」

ユーリ「あっ！ これも数とおんなじ！ $a - a = 0$ だもん」

僕「そうだね」

$$a - a = 0 \qquad \text{数}$$

$$\begin{pmatrix} a_{11} & a_{12} \\ a_{21} & a_{22} \end{pmatrix} - \begin{pmatrix} a_{11} & a_{12} \\ a_{21} & a_{22} \end{pmatrix} = \begin{pmatrix} 0 & 0 \\ 0 & 0 \end{pmatrix} \qquad \text{行列}$$

ユーリ「そーだね!……あれれ、お兄ちゃん。イコールは?」

僕「イコール?」

ユーリ「プラス(+)が二種類出てきて、マイナス(−)も二種類出てきたじゃん。イコール(=)も二種類あるんじゃないの?《数のイコール》と《行列のイコール》」

僕「おおお! ユーリは賢いなあ! その通りだよ。二つの行列が等しいとはどういうことか。それを定義してなかったね。**《行列の相等》**を定義しなくちゃいけない。ユーリはほんとに賢いぞ」

ユーリ「へへ」

僕「二つの行列が等しいというのは、対応する成分がすべて等しいときとして定義しよう。たとえば、$\begin{pmatrix} a_{11} & a_{12} \\ a_{21} & a_{22} \end{pmatrix}$ と $\begin{pmatrix} b_{11} & b_{12} \\ b_{21} & b_{22} \end{pmatrix}$ とが等しいのは、$a_{11} = b_{11}$ と $a_{12} = b_{12}$ と $a_{21} = b_{21}$ と $a_{22} = b_{22}$ のすべてが成り立つときとして定義する」

> **行列の相等**
>
> 二つの行列が等しいのは、
> 対応する成分がすべて等しいときと定義する。
>
> $$\begin{pmatrix} a_{11} & a_{12} \\ a_{21} & a_{22} \end{pmatrix} = \begin{pmatrix} b_{11} & b_{12} \\ b_{21} & b_{22} \end{pmatrix}$$
>
> $\iff a_{11} = b_{11}$ かつ $a_{12} = b_{12}$ かつ $a_{21} = b_{21}$ かつ $a_{22} = b_{22}$

ユーリ「ふんふん。一つでも違う成分があったらだめってこと」

僕「そうだね。《行列の相等》のイコールを定義するのに、《数の相等》のイコールを使ったことになるね」

$$\underbrace{\begin{pmatrix} a_{11} & a_{12} \\ a_{21} & a_{22} \end{pmatrix} \blacksquare \begin{pmatrix} b_{11} & b_{12} \\ b_{21} & b_{22} \end{pmatrix}}_{\text{こちらの } \blacksquare \text{ は行列の相等}}$$

$$\iff \underbrace{a_{11} \blacksquare b_{11} \text{ かつ } a_{12} \blacksquare b_{12} \text{ かつ } a_{21} \blacksquare b_{21} \text{ かつ } a_{22} \blacksquare b_{22}}_{\text{こちらの } \blacksquare \text{ は数の相等}}$$

ユーリ「ほほー」

僕「ここでは、$a_{11} = b_{11}$ と $a_{12} = b_{12}$ と $a_{21} = b_{21}$ と $a_{22} = b_{22}$ がすべて成り立つことを、

$a_{11} = b_{11}$ かつ $a_{12} = b_{12}$ かつ $a_{21} = b_{21}$ かつ $a_{22} = b_{22}$

のように表したけど、<u>P かつ Q</u> と <u>P または Q</u> の違いはわかる

よね」

ユーリ「わかるよん。P かつ Q は P と Q の両方が成り立つ。P または Q は P と Q の少なくとも片方が成り立つ」

僕「そうだね。さてと……これで行列の相等（=）と和（+）と差（−）が定義できて、零行列（$\begin{smallmatrix} 0 & 0 \\ 0 & 0 \end{smallmatrix}$）も定義できた。つまり、これで、等しいかどうかを調べることと、足し算と、引き算ができる《数のようなもの》を作ったわけだね。ゼロも作った」

ユーリ「なるほどー！ ねーお兄ちゃん、次は何を作ろっか？」

僕「もちろん、イチだよ」

ユーリ「イチ？」

僕「僕たちは、0 に相当する行列を作った。次は 1 に相当する行列を作ろう！」

ユーリ「1 を作る！」

"ゼロとは、何も変わらないことだろうか。"

第 1 章で定義したもの

2×2 行列（二次の正方行列）

$$\begin{pmatrix} a_{11} & a_{12} \\ a_{21} & a_{22} \end{pmatrix}$$

零行列

$$\begin{pmatrix} 0 & 0 \\ 0 & 0 \end{pmatrix}$$

行列の和

$$\begin{pmatrix} a_{11} & a_{12} \\ a_{21} & a_{22} \end{pmatrix} + \begin{pmatrix} b_{11} & b_{12} \\ b_{21} & b_{22} \end{pmatrix} = \begin{pmatrix} a_{11} + b_{11} & a_{12} + b_{12} \\ a_{21} + b_{21} & a_{22} + b_{22} \end{pmatrix}$$

行列の差

$$\begin{pmatrix} a_{11} & a_{12} \\ a_{21} & a_{22} \end{pmatrix} - \begin{pmatrix} b_{11} & b_{12} \\ b_{21} & b_{22} \end{pmatrix} = \begin{pmatrix} a_{11} - b_{11} & a_{12} - b_{12} \\ a_{21} - b_{21} & a_{22} - b_{22} \end{pmatrix}$$

行列の相等

$$\begin{pmatrix} a_{11} & a_{12} \\ a_{21} & a_{22} \end{pmatrix} = \begin{pmatrix} b_{11} & b_{12} \\ b_{21} & b_{22} \end{pmatrix}$$

$\iff a_{11} = b_{11}$ かつ $a_{12} = b_{12}$ かつ $a_{21} = b_{21}$ かつ $a_{22} = b_{22}$

第1章の問題

> 賢明な問題解決者は何よりもまず、
> できるだけ明確に問題を理解しようと試みる。
> ——ジョージ・ポリヤ*

---

* George Pólya, "How to Solve It" より（筆者訳）。

●問題 1-1（表と行列）

生徒 1 と 2 が、試験 A の科目 1 と 2 を受けたところ、表のような点数になりました。

A	科目 1	科目 2
生徒 1	62	85
生徒 2	95	60

この表を 2×2 行列で表すことにします。

$$\begin{pmatrix} a_{11} & a_{12} \\ a_{21} & a_{22} \end{pmatrix} = \begin{pmatrix} 62 & 85 \\ 95 & 60 \end{pmatrix}$$

① この行列の成分 a_{jk} は何を表していますか。

② 生徒 1 と 2 が、試験 B の科目 1 と 2 を受けたときの点数を、行列 $\begin{pmatrix} b_{11} & b_{12} \\ b_{21} & b_{22} \end{pmatrix}$ で表します。二つの行列の和、

$$\begin{pmatrix} a_{11} & a_{12} \\ a_{21} & a_{22} \end{pmatrix} + \begin{pmatrix} b_{11} & b_{12} \\ b_{21} & b_{22} \end{pmatrix}$$

は何を表していますか。

③ 3 人の生徒が 5 科目の試験 C を受けた表を同じように作るなら、どのような行列になりますか。

（解答は p. 236）

●**問題 1-2**(行列の相等)

①〜④のうち、行列 $\begin{pmatrix} 1 & 2 \\ 3 & 4 \end{pmatrix}$ に等しいものはどれですか。

① $\begin{pmatrix} 1 & 2 \\ 3 & 4 \end{pmatrix}$

② $\begin{pmatrix} 1 & 1+1 \\ 2+1 & 3+1 \end{pmatrix}$

③ $\begin{pmatrix} 1 & 3 \\ 2 & 4 \end{pmatrix} - \begin{pmatrix} 0 & 1 \\ -1 & 0 \end{pmatrix}$

④ $\begin{pmatrix} 1 & 2 \\ 0 & 4 \end{pmatrix}$

(解答は p.238)

●問題 1-3（行列の和）

①〜⑤をそれぞれ計算してください。

① $\begin{pmatrix} 1 & 2 \\ 3 & 4 \end{pmatrix} + \begin{pmatrix} 0 & 0 \\ 0 & 0 \end{pmatrix}$

② $\begin{pmatrix} 0 & 0 \\ 0 & 0 \end{pmatrix} + \begin{pmatrix} 1 & 2 \\ 3 & 4 \end{pmatrix}$

③ $\begin{pmatrix} 1 & 2 \\ 3 & 4 \end{pmatrix} + \begin{pmatrix} 1 & 2 \\ 3 & 4 \end{pmatrix}$

④ $\begin{pmatrix} 2 & -7 \\ 1 & -8 \end{pmatrix} + \begin{pmatrix} -2 & 7 \\ -1 & 8 \end{pmatrix}$

⑤ $\begin{pmatrix} 1 & 0 \\ 0 & 1 \end{pmatrix} + \begin{pmatrix} 1 & 0 \\ 0 & 1 \end{pmatrix} + \begin{pmatrix} 1 & 0 \\ 0 & 1 \end{pmatrix} + \begin{pmatrix} 1 & 0 \\ 0 & 1 \end{pmatrix} + \begin{pmatrix} 1 & 0 \\ 0 & 1 \end{pmatrix}$

（解答は p. 240）

●**問題 1-4**(行列を求める)

次の式を満たす四つの数 a, b, c, d を求めてください。

$$\begin{pmatrix} a & b \\ c & d \end{pmatrix} + \begin{pmatrix} 1 & 2 \\ 3 & 4 \end{pmatrix} = \begin{pmatrix} 0 & 0 \\ 0 & 0 \end{pmatrix}$$

(解答は p. 244)

●**問題 1-5**(行列の和を表すプラス)

次の式で、行列の和を表すプラス(+)はどれですか。すべて見つけてください。

$$\begin{pmatrix} 1 & 2 \\ 3 & 4 \end{pmatrix} + \begin{pmatrix} +1 & 1+1 \\ 2+1 & 3+1 \end{pmatrix} = \begin{pmatrix} 0+1 & 1+2 \\ 2+3 & 3+4 \end{pmatrix} + \begin{pmatrix} 1 & 1 \\ 1 & 1 \end{pmatrix}$$

(解答は p. 245)

●問題 1-6（等しくない行列）

行列 $\begin{pmatrix} a & b \\ c & d \end{pmatrix}$ と行列 $\begin{pmatrix} 1 & 2 \\ 3 & 4 \end{pmatrix}$ が等しいのは、

$$a = 1 \text{ かつ } b = 2 \text{ かつ } c = 3 \text{ かつ } d = 4$$

が成り立つときです。

行列 $\begin{pmatrix} a & b \\ c & d \end{pmatrix}$ と行列 $\begin{pmatrix} 1 & 2 \\ 3 & 4 \end{pmatrix}$ が等しく**ない**のは、

$$a \neq 1 \text{ かつ } b \neq 2 \text{ かつ } c \neq 3 \text{ かつ } d \neq 4$$

が成り立つときといえるでしょうか。

（解答は p. 246）

●問題 1-7（交換法則）

a と b がどんな数でも、

$$a + b = b + a$$

が成り立ちます。これを数についての和の**交換法則**といいます。二つの 2×2 行列 $\begin{pmatrix} a_{11} & a_{12} \\ a_{21} & a_{22} \end{pmatrix}$ と $\begin{pmatrix} b_{11} & b_{12} \\ b_{21} & b_{22} \end{pmatrix}$ についても和の交換法則が成り立つことを証明してください。すなわち、

$$\begin{pmatrix} a_{11} & a_{12} \\ a_{21} & a_{22} \end{pmatrix} + \begin{pmatrix} b_{11} & b_{12} \\ b_{21} & b_{22} \end{pmatrix} = \begin{pmatrix} b_{11} & b_{12} \\ b_{21} & b_{22} \end{pmatrix} + \begin{pmatrix} a_{11} & a_{12} \\ a_{21} & a_{22} \end{pmatrix}$$

が成り立つことを証明してください。

（解答は p. 247）

第2章
イチを作ろう

"ゼロとイチ、違うけど似てる。"

2.1 イチを作ろう

僕とユーリは行列について考えている。

行列のゼロ、つまり零行列 $\begin{pmatrix} 0 & 0 \\ 0 & 0 \end{pmatrix}$ が作れたので、次に行列のイチを作ろうとしているところだ。

ユーリ「ゼロ行列の次は、イチ行列を作るの？」

僕「**単位行列**と呼ぶのが普通だね。イチ行列とはいわない」

ユーリ「たんいぎょうれつ——これはカンタン！ だって、行列の成分をぜんぶ1にすればいいんでしょ？」

$$\begin{pmatrix} 1 & 1 \\ 1 & 1 \end{pmatrix} \quad \text{単位行列？}$$

僕「ユーリは、どうしてそう思ったんだろうか」

ユーリ「それって、ユーリがまちがったから聞き返したの？ それとも、理由が知りたいから聞き返したの？」

僕「両方だね」

ユーリ「えーっ、$\begin{pmatrix} 1 & 1 \\ 1 & 1 \end{pmatrix}$ がイチだよー！」

僕「残念だけど $\begin{pmatrix} 1 & 1 \\ 1 & 1 \end{pmatrix}$ は単位行列じゃないんだ」

ユーリ「零行列は成分が全部 0 だったじゃん？」

僕「うん、零行列はすべての成分が 0 の行列だね。そう定義した」

零行列
すべての成分が 0 の行列を、零行列という。
$$\begin{pmatrix} 0 & 0 \\ 0 & 0 \end{pmatrix}$$

ユーリ「だったら、成分が全部 1 なのが単位行列でいいじゃん！単位行列は 1 みたいなものなんでしょ？」

僕「そこ！ そこで重要な問いかけが出てくるんだ」

ユーリ「重要な問いかけ……」

僕「零行列を考えるときには『0 とはどういう数か』という問いかけをしたよね。それと同じように、単位行列を考えるときには『1 とはどういう数か』という問いかけをしたい」

ユーリ「1 とはどういう数か……足したら 1 増える数。ほら、行列 $\begin{pmatrix} a & b \\ c & d \end{pmatrix}$ に $\begin{pmatrix} 1 & 1 \\ 1 & 1 \end{pmatrix}$ を足したら成分が全部 1 増えるし！」

$$\begin{pmatrix} a & b \\ c & d \end{pmatrix} + \begin{pmatrix} 1 & 1 \\ 1 & 1 \end{pmatrix} = \begin{pmatrix} a+1 & b+1 \\ c+1 & d+1 \end{pmatrix}$$

僕「なるほど。ユーリのその計算は正しいし、成分がすべて1増えるというのは、それはそれでおもしろい話だね。だから、$\begin{pmatrix} 1 & 1 \\ 1 & 1 \end{pmatrix}$ に特別な名前を付けてもいいよ。それこそ壱行列(イチ)みたいにね。でも、単位行列はそれとは違うものなんだ」

ユーリ「じゃ、単位行列ってどんな行列？」

僕「0 という数は、どんな数に足しても値が変わらないもの」

ユーリ「そだね」

僕「1 という数は、どんな数に掛けても値が変わらないもの——だと考えてみよう」

数の世界の《ゼロとイチ》

$a + 0 = a$
　　どんな数 a に 0 を足しても a に等しい。
$a \times 1 = a$
　　どんな数 a に 1 を掛けても a に等しい。

ユーリ「なるほどー！ 足し算じゃなくて掛け算！」

僕「これと同じように行列の世界の《ゼロとイチ》を考えたい。零行列を O(オー) で表して、単位行列を I(アイ) で表してみよう」

> **行列の世界の《ゼロとイチ》**
>
> $A + O = A$
>   どんな行列 A に零行列 O を足しても A に等しい。
> $A \times I = A$
>   どんな行列 A に単位行列 I を掛けても A に等しい。

ユーリ「あっ、そっくり！ おもしろーい！」

僕「数の積 $a \times b$ を ab と書くみたいに、行列の積 $A \times B$ は AB と書く。だから、どんな行列 A に対しても、

$$AI = A$$

が成り立つ行列 I を単位行列と呼びたい！」

ユーリ「ほほー……」

僕「単位行列 I の正体を知りたければ、I の成分について考えることになる。僕たちはいま 2×2 行列で考えているから、

$$I = \begin{pmatrix} x_{11} & x_{12} \\ x_{21} & x_{22} \end{pmatrix}$$

として $x_{11}, x_{12}, x_{21}, x_{22}$ を考えたい」

ユーリ「ふむふむ……」

僕「どんな行列 $\begin{pmatrix} a_{11} & a_{12} \\ a_{21} & a_{22} \end{pmatrix}$ に対しても、

$$\begin{pmatrix} a_{11} & a_{12} \\ a_{21} & a_{22} \end{pmatrix} \begin{pmatrix} x_{11} & x_{12} \\ x_{21} & x_{22} \end{pmatrix} = \begin{pmatrix} a_{11} & a_{12} \\ a_{21} & a_{22} \end{pmatrix}$$

が成り立つ行列 $\begin{pmatrix} x_{11} & x_{12} \\ x_{21} & x_{22} \end{pmatrix}$ が単位行列 I の正体だ!」

ユーリ「お兄ちゃん、ちょっとかっこいいぞ……」

僕「だから、僕たちが考えなくてはいけないことは**行列の積**だね」

ユーリ「行列の積……掛け算?」

僕「そうだね。僕たちは行列の掛け算をまだ定義していなかった。行列の積を定義しないと、

$$\begin{pmatrix} a_{11} & a_{12} \\ a_{21} & a_{22} \end{pmatrix} \begin{pmatrix} x_{11} & x_{12} \\ x_{21} & x_{22} \end{pmatrix}$$

という式が何を意味しているか、わからない。それじゃ、どんな行列が単位行列なのかも、わからない」

ユーリ「じゃ、早く定義して!」

僕「たとえば、鶴の足が a 本あるとしよう」

ユーリ「は?」

2.2 数の積を考える

僕「鶴の足が a 本あって、鶴が x 羽いるとしよう。このとき、鶴の足の総数は、

$$ax$$

本になるよね」

ユーリ「そだね。$a = 2$ だけどね!」

僕「鶴だけじゃなく、亀も登場してもらおう。

- 鶴は足が a_1 本で、x_1 羽いる。
- 亀は足が a_2 本で、x_2 匹いる。

このとき、鶴と亀の足の総数は、

$$a_1 x_1 + a_2 x_2$$

本になるよね」

$$\underbrace{\underbrace{a_1 x_1}_{\text{鶴の足の総数}} + \underbrace{a_2 x_2}_{\text{亀の足の総数}}}_{\text{鶴と亀の足の総数}}$$

ユーリ「ほほー……」

僕「《鶴の足の総数》を、《鶴と亀の足の総数》に拡張したことになる。この $a_1 x_1 + a_2 x_2$ という式は《掛けて、掛けて、足す》という形になっている。僕たちは行列の掛け算を定義するときに、この形を利用することにしよう」

$$\underbrace{\underbrace{a_1 x_1}_{\text{掛けて}} + \underbrace{a_2 x_2}_{\text{掛けて}}}_{\text{足す}}$$

ユーリ「むむっ……?」

2.3 行列の積

僕「そこで、二つの行列の積をこんなふうに定義する」

2.3 行列の積

> **行列の積**
>
> 行列 $\begin{pmatrix} a_{11} & a_{12} \\ a_{21} & a_{22} \end{pmatrix}$ と行列 $\begin{pmatrix} x_{11} & x_{12} \\ x_{21} & x_{22} \end{pmatrix}$ の積を、
>
> $$\begin{pmatrix} a_{11} & a_{12} \\ a_{21} & a_{22} \end{pmatrix} \begin{pmatrix} x_{11} & x_{12} \\ x_{21} & x_{22} \end{pmatrix} = \begin{pmatrix} a_{11}x_{11} + a_{12}x_{21} & a_{11}x_{12} + a_{12}x_{22} \\ a_{21}x_{11} + a_{22}x_{21} & a_{21}x_{12} + a_{22}x_{22} \end{pmatrix}$$
>
> で定義する。

ユーリ「うわー! なんだこのややこしさー! 手加減なしかー!」

僕「定義に手加減も何もないよ」

ユーリ「本を開いてこんな式が出てきたら、読むのやめたくなるよね。わけがわかんなくて」

僕「成分を全部をまとめて見ようとするとわけがわからなくなる。だから、成分を一つ一つ見ていこう。まず、これ」

$$\begin{pmatrix} \boxed{a_{11}} & \boxed{a_{12}} \\ a_{21} & a_{22} \end{pmatrix} \begin{pmatrix} \boxed{x_{11}} & x_{12} \\ \boxed{x_{21}} & x_{22} \end{pmatrix} = \begin{pmatrix} \boxed{a_{11}x_{11}} + \boxed{a_{12}x_{21}} & a_{11}x_{12} + a_{12}x_{22} \\ a_{21}x_{11} + a_{22}x_{21} & a_{21}x_{12} + a_{22}x_{22} \end{pmatrix}$$

ユーリ「ははー。a_{11} と x_{11} を掛けて、a_{12} と x_{21} を掛ける?」

僕「そうだね。そして $a_{11}x_{11}$ と $a_{12}x_{21}$ とを足すんだ。さっき話した《掛けて、掛けて、足す》という形を使っているね」

$$\underbrace{\underbrace{a_{11}x_{11}}_{\text{掛けて}} + \underbrace{a_{12}x_{21}}_{\text{掛けて}}}_{\text{足す}}$$

ユーリ「《掛けて、掛けて、足す》……ふんふん？」

僕「二つの行列を掛けるとき、左側の行列では成分を行にそって**横に見ていく**。そして右側の行列では成分を列にそって**縦に見ていく**。そして、成分同士について《掛けて、掛けて、足す》という計算をするんだよ」

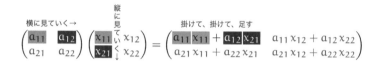

ユーリ「ふふーん、見える見える……計算が見えるよ！」

僕「それはすごいな。お兄ちゃんが行列の積を初めて見たとき、慣れるまで時間が掛かったよ」

ユーリ「左目を横に動かしながら、右目を縦に動かせばカンタン」

僕「それ、人間には無理だから！」

2.4 他の成分

ユーリ「《掛けて、掛けて、足す》ねえ……」

僕「行列の積では、すべての成分について同じように考える」

2×2 行列の積

横に見ていく→ 縦に見ていく↓ 掛けて、掛けて、足す

$$\begin{pmatrix} \boxed{a_{11}} & \boxed{a_{12}} \\ a_{21} & a_{22} \end{pmatrix} \begin{pmatrix} \boxed{x_{11}} & x_{12} \\ \boxed{x_{21}} & x_{22} \end{pmatrix} = \begin{pmatrix} \boxed{a_{11}x_{11} + a_{12}x_{21}} & a_{11}x_{12} + a_{12}x_{22} \\ a_{21}x_{11} + a_{22}x_{21} & a_{21}x_{12} + a_{22}x_{22} \end{pmatrix}$$

横に見ていく→ 縦に見ていく↓ 掛けて、掛けて、足す

$$\begin{pmatrix} \boxed{a_{11}} & \boxed{a_{12}} \\ a_{21} & a_{22} \end{pmatrix} \begin{pmatrix} x_{11} & \boxed{x_{12}} \\ x_{21} & \boxed{x_{22}} \end{pmatrix} = \begin{pmatrix} a_{11}x_{11} + a_{12}x_{21} & \boxed{a_{11}x_{12} + a_{12}x_{22}} \\ a_{21}x_{11} + a_{22}x_{21} & a_{21}x_{12} + a_{22}x_{22} \end{pmatrix}$$

$$\begin{pmatrix} a_{11} & a_{12} \\ \boxed{a_{21}} & \boxed{a_{22}} \end{pmatrix} \begin{pmatrix} \boxed{x_{11}} & x_{12} \\ \boxed{x_{21}} & x_{22} \end{pmatrix} = \begin{pmatrix} a_{11}x_{11} + a_{12}x_{21} & a_{11}x_{12} + a_{12}x_{22} \\ \boxed{a_{21}x_{11} + a_{22}x_{21}} & a_{21}x_{12} + a_{22}x_{22} \end{pmatrix}$$

横に見ていく→ 縦に見ていく↓ 掛けて、掛けて、足す

$$\begin{pmatrix} a_{11} & a_{12} \\ \boxed{a_{21}} & \boxed{a_{22}} \end{pmatrix} \begin{pmatrix} x_{11} & \boxed{x_{12}} \\ x_{21} & \boxed{x_{22}} \end{pmatrix} = \begin{pmatrix} a_{11}x_{11} + a_{12}x_{21} & a_{11}x_{12} + a_{12}x_{22} \\ a_{21}x_{11} + a_{22}x_{21} & \boxed{a_{21}x_{12} + a_{22}x_{22}} \end{pmatrix}$$

横に見ていく→ 縦に見ていく↓ 掛けて、掛けて、足す

ユーリ「でたらめに式を書いたんじゃないんだ!」

僕「具体的な行列の積を計算してみようか」

問題 2-1（行列の積）
行列の積を計算しよう。
$$\begin{pmatrix} 1 & 2 \\ 3 & 4 \end{pmatrix} \begin{pmatrix} 1 & 4 \\ 0 & 5 \end{pmatrix}$$

ユーリ「掛けて、掛けて、足す……」

僕「どう？ できた？」

ユーリ「できたできた。目と頭がごちゃごちゃしてきた」

解答 2-1（行列の積）
$$\begin{pmatrix} 1 & 2 \\ 3 & 4 \end{pmatrix} \begin{pmatrix} 1 & 4 \\ 0 & 5 \end{pmatrix} = \begin{pmatrix} 1\times1+2\times0 & 1\times4+2\times5 \\ 3\times1+4\times0 & 3\times4+4\times5 \end{pmatrix}$$
$$= \begin{pmatrix} 1+0 & 4+10 \\ 3+0 & 12+20 \end{pmatrix}$$
$$= \begin{pmatrix} 1 & 14 \\ 3 & 32 \end{pmatrix}$$

僕「はい、正解！」

ユーリ「ふむー……」

僕「さあこれで、行列の積が定義できた。これで行列のイチ、つまり単位行列が考えられるよ！」

ユーリ「ちょっと待ってよ、お兄ちゃん。行列の掛け算は計算できたけど、どーして《掛けて、掛けて、足す》が行列の掛け算になるの?」

僕「数で a と x の積を ax にしたのを拡張して、$a_1x_1 + a_2x_2$ という形を使うって話はしたよね」

ユーリ「鶴だけを考えるなら ax で、鶴と亀の両方で考えるなら $a_1x_1 + a_2x_2$ になるのはわかる。でも、どーしてそれを行列の積に使うのかはわかんない」

僕「なるほど。そうだなあ、比例するものをもっと増やしたいな……うん、たとえばコインの金額と重量を考えてみると、数の積 ax を拡張して行列の積 AX になる様子がわかるよ」

ユーリ「コイン?」

僕「うーん、その話――**数の積から行列の積を作る話**――は、あとで改めて話すよ*」

ユーリ「忘れないでね」

2.5 単位行列を作る

僕「僕たちはこれから、行列のイチに相当する単位行列を定義したい。順を追って考えていこう」

ユーリ「りょーかい」

僕「まず、数の掛け算。どんな数 a に 1 を掛けても a に等しい。

---

* p. 82 参照。

そういう数が 1 だよね」

ユーリ「いいよん」

僕「同じことを行列の掛け算で考える。どんな行列 A に I を掛けても A に等しい。そういう行列を単位行列 I としたい」

ユーリ「おっけー、おっけー」

僕「成分でいうなら、どんな行列 $\begin{pmatrix} a_{11} & a_{12} \\ a_{21} & a_{22} \end{pmatrix}$ に $\begin{pmatrix} x_{11} & x_{12} \\ x_{21} & x_{22} \end{pmatrix}$ を掛けても $\begin{pmatrix} a_{11} & a_{12} \\ a_{21} & a_{22} \end{pmatrix}$ に等しいような行列 $\begin{pmatrix} x_{11} & x_{12} \\ x_{21} & x_{22} \end{pmatrix}$ を単位行列にしたい。行列の掛け算はもう定義したから計算できる!」

ユーリ「ぐえー。成分が出てきたとたん、めんどくさくなるー」

僕「定義通りだから難しくないよ。行列の積はこうだね。

$$\begin{pmatrix} a_{11} & a_{12} \\ a_{21} & a_{22} \end{pmatrix} \begin{pmatrix} x_{11} & x_{12} \\ x_{21} & x_{22} \end{pmatrix} = \begin{pmatrix} a_{11}x_{11} + a_{12}x_{21} & a_{11}x_{12} + a_{12}x_{22} \\ a_{21}x_{11} + a_{22}x_{21} & a_{21}x_{12} + a_{22}x_{22} \end{pmatrix}$$

この右辺が行列 $\begin{pmatrix} a_{11} & a_{12} \\ a_{21} & a_{22} \end{pmatrix}$ に等しくなってほしいわけだ。つまり、この式で考えることになる。

$$\begin{pmatrix} a_{11}x_{11} + a_{12}x_{21} & a_{11}x_{12} + a_{12}x_{22} \\ a_{21}x_{11} + a_{22}x_{21} & a_{21}x_{12} + a_{22}x_{22} \end{pmatrix} = \begin{pmatrix} a_{11} & a_{12} \\ a_{21} & a_{22} \end{pmatrix}$$

ね、いいよね」

ユーリ「ぐえー」

僕「《行列が等しい》というのは《対応する成分が等しい》ということだから、対応する成分を確認しておく。

$$\begin{pmatrix} a_{11}x_{11} + a_{12}x_{21} & a_{11}x_{12} + a_{12}x_{22} \\ a_{21}x_{11} + a_{22}x_{21} & a_{21}x_{12} + a_{22}x_{22} \end{pmatrix} = \begin{pmatrix} a_{11} & a_{12} \\ a_{21} & a_{22} \end{pmatrix}$$

そうすると僕たちは、どんな数 $a_{11}, a_{12}, a_{21}, a_{22}$ に対しても、

$$\begin{cases} a_{11}x_{11} + a_{12}x_{21} = a_{11} \\ a_{11}x_{12} + a_{12}x_{22} = a_{12} \\ a_{21}x_{11} + a_{22}x_{21} = a_{21} \\ a_{21}x_{12} + a_{22}x_{22} = a_{22} \end{cases}$$

が成り立つような $x_{11}, x_{12}, x_{21}, x_{22}$ を見つけたいということになるね。それが僕たちの作りたい単位行列 I の成分になるんだ」

$$I = \begin{pmatrix} x_{11} & x_{12} \\ x_{21} & x_{22} \end{pmatrix}$$

問題 2-2(単位行列)

どんな数 $a_{11}, a_{12}, a_{21}, a_{22}$ に対しても、

$$\begin{cases} a_{11}x_{11} + a_{12}x_{21} = a_{11} \\ a_{11}x_{12} + a_{12}x_{22} = a_{12} \\ a_{21}x_{11} + a_{22}x_{21} = a_{21} \\ a_{21}x_{12} + a_{22}x_{22} = a_{22} \end{cases}$$

が成り立つような $x_{11}, x_{12}, x_{21}, x_{22}$ を求めよ。

$x_{11}, x_{12}, x_{21}, x_{22}$ は単位行列 I の成分になる。

$$I = \begin{pmatrix} x_{11} & x_{12} \\ x_{21} & x_{22} \end{pmatrix}$$

ユーリ「ぐえー……こんな問題、解くのめんどくさいよー。長い計算が続くんでしょ?」

僕「ところが、長い計算にはならない。実はこれ、楽しいパズルなんだ」

ユーリ「むむ、パズル？」

僕「そうだよ。たとえば、一つ目の式を見てみよう。

$$a_{11}x_{11} + a_{12}x_{21} = a_{11}$$

a_{11} と a_{12} にどんな数を当てはめてもこの式が成り立つように x_{11} と x_{21} を決めるんだよ」

ユーリ「どんな数を当てはめても……？」

僕「だから、たとえば a_{11} と a_{12} に、0 や 1 のような数を当てはめると——」

ユーリ「あっ、計算がめちゃめちゃ簡単になる？」

僕「そういうことだね。やってみればわかるけど、たとえば、

$$a_{11}x_{11} + a_{12}x_{21} = a_{11}$$

という式で——」

ユーリ「ストップ！ ユーリが考える！」

僕「……」

ユーリ「わかった！ $x_{11} = 1$ だよ！」

僕「どうしてそう思ったんだろう」

ユーリ「だってこの式、

$$a_{11}x_{11} + a_{12}x_{21} = a_{11}$$

は $a_{11} = 1, a_{12} = 0$ のときでも成り立つんでしょ？ だったら、

$$1x_{11} + 0x_{21} = 1$$

でなくちゃいけないじゃん？ てことは、

$$x_{11} = 1$$

だもん！」

僕「そうだね、その通り！ これで x_{11} は決まった。ということは、単位行列 I は、

$$I = \begin{pmatrix} 1 & x_{12} \\ x_{21} & x_{22} \end{pmatrix}$$

になった。残りは x_{12}, x_{21}, x_{22} だね」

ユーリ「別の数でやってみる！

$$a_{11}x_{11} + a_{12}x_{21} = a_{11}$$

で、$a_{11} = 0, a_{12} = 1$ にすると、

$$0x_{11} + 1x_{21} = 0$$

になる。これって、

$$x_{21} = 0$$

じゃん！ もう一つ決まった！」

僕「これで $x_{11} = 1$ と $x_{21} = 0$ までわかったね。単位行列は、

$$I = \begin{pmatrix} 1 & x_{12} \\ 0 & x_{22} \end{pmatrix}$$

になった。残りは x_{12} と x_{22} だけだ」

ユーリ「x_{12} と x_{22} が出てくる式で考えればわかりそう！ たとえば、これ！」

$$\begin{cases} a_{11}x_{11} + a_{12}x_{21} = a_{11} \\ a_{11}x_{12} + a_{12}x_{22} = a_{12} \quad \leftarrow これ！\\ a_{21}x_{11} + a_{22}x_{21} = a_{21} \\ a_{21}x_{12} + a_{22}x_{22} = a_{22} \end{cases}$$

僕「……」

ユーリ「わかるわかる！

$$a_{11}x_{12} + a_{12}x_{22} = a_{12}$$

で、$a_{11} = 1, a_{12} = 0$ にすると、

$$1x_{12} + 0x_{22} = 0$$

になるから、

$$x_{12} = 0$$

のはず！」

僕「そうだね」

ユーリ「そんで、最後は……。

$$a_{11}x_{12} + a_{12}x_{22} = a_{12}$$

で、$a_{11} = 0, a_{12} = 1$ にすると、

$$0x_{12} + 1x_{22} = 1$$

になるから、

$$x_{22} = 1$$

になる。これでぜんぶ解けた！」

僕「そうだね。ここまでをまとめると、

$$x_{11} = 1, \quad x_{12} = 0, \quad x_{21} = 0, \quad x_{22} = 1$$

だとわかった」

解答 2-2（単位行列）

どんな数 $a_{11}, a_{12}, a_{21}, a_{22}$ に対しても、

$$x_{11} = 1, \quad x_{12} = 0, \quad x_{21} = 0, \quad x_{22} = 1$$

のとき、

$$\begin{cases} a_{11}x_{11} + a_{12}x_{21} = a_{11} \\ a_{11}x_{12} + a_{12}x_{22} = a_{12} \\ a_{21}x_{11} + a_{22}x_{21} = a_{21} \\ a_{21}x_{12} + a_{22}x_{22} = a_{22} \end{cases}$$

が成り立つ。

ユーリ「てことは、これが単位行列 I なんだね！」

単位行列 I

$$I = \begin{pmatrix} 1 & 0 \\ 0 & 1 \end{pmatrix}$$

僕「さあ、これで単位行列が作れたよ。そこで——」

ユーリ「ダウト！ おかしいよ。お兄ちゃん」

僕「何がおかしい？」

ユーリ「いまの計算は 0 と 1 を当てはめただけじゃん。しかも、出てきた四個の式のうち、二個しか使ってない。それなのに、どんな数を当てはめても成り立つっていえる？」

僕「ああ、確かにそうだ。ユーリの指摘は正しい。すごく正しい。実際に AI = A になることを計算して確かめる必要がある」

$$
\begin{aligned}
\mathrm{AI} &= \begin{pmatrix} a_{11} & a_{12} \\ a_{21} & a_{22} \end{pmatrix} \begin{pmatrix} 1 & 0 \\ 0 & 1 \end{pmatrix} \\
&= \begin{pmatrix} a_{11} \times 1 + a_{12} \times 0 & a_{11} \times 0 + a_{12} \times 1 \\ a_{21} \times 1 + a_{22} \times 0 & a_{21} \times 0 + a_{22} \times 1 \end{pmatrix} \\
&= \begin{pmatrix} a_{11} + 0 & 0 + a_{12} \\ a_{21} + 0 & 0 + a_{22} \end{pmatrix} \\
&= \begin{pmatrix} a_{11} & a_{12} \\ a_{21} & a_{22} \end{pmatrix} \\
&= \mathrm{A} \\
\mathrm{AI} &= \mathrm{A}
\end{aligned}
$$

ユーリ「そっか……これで確かめたことになるんだ」

僕「そうだよ。いまの計算で $a_{11}, a_{12}, a_{21}, a_{22}$ がどんな数でも、

$$
\begin{pmatrix} a_{11} & a_{12} \\ a_{21} & a_{22} \end{pmatrix} \begin{pmatrix} 1 & 0 \\ 0 & 1 \end{pmatrix} = \begin{pmatrix} a_{11} & a_{12} \\ a_{21} & a_{22} \end{pmatrix}
$$

という等式が成り立つことがいえた。具体的な数じゃなくて、文字のまま計算したからね」

ユーリ「ははーん……にゃるほど」

僕「いまの計算はおもしろいよね。×1のところが残って、×0のところが消える」

ユーリ「ほんとだ……絶妙!」

僕「AIはAに等しいけど、AとIの順序を逆にしたIAもAに等しくなるよ。確かめればすぐわかる」

$$
\begin{aligned}
IA &= \begin{pmatrix} 1 & 0 \\ 0 & 1 \end{pmatrix} \begin{pmatrix} a_{11} & a_{12} \\ a_{21} & a_{22} \end{pmatrix} \\
&= \begin{pmatrix} 1 \times a_{11} + 0 \times a_{21} & 1 \times a_{12} + 0 \times a_{22} \\ 0 \times a_{11} + 1 \times a_{21} & 0 \times a_{12} + 1 \times a_{22} \end{pmatrix} \\
&= \begin{pmatrix} a_{11} + 0 & a_{12} + 0 \\ 0 + a_{21} & 0 + a_{22} \end{pmatrix} \\
&= \begin{pmatrix} a_{11} & a_{12} \\ a_{21} & a_{22} \end{pmatrix} \\
&= A \\
IA &= A
\end{aligned}
$$

ユーリ「今度は1×のところが残って、0×のところが消えてるね」

僕「さあ、これで僕たちは零行列と単位行列を作ったことになる」

> **零行列と単位行列**
>
> $$O = \begin{pmatrix} 0 & 0 \\ 0 & 0 \end{pmatrix} \quad \text{零行列}$$
>
> $$I = \begin{pmatrix} 1 & 0 \\ 0 & 1 \end{pmatrix} \quad \text{単位行列}$$

ユーリ「単位行列は $\begin{pmatrix} 1 & 1 \\ 1 & 1 \end{pmatrix}$ じゃなくて $\begin{pmatrix} 1 & 0 \\ 0 & 1 \end{pmatrix}$ なんだね。ねねね、お兄ちゃん、次は何を作る?」

僕「うん、その前に注意がひとつ」

ユーリ「なになに?」

僕「数ではいつでも掛け算できたよね。でも行列では掛け算できないときがある」

ユーリ「は? 掛け算できないとき?」

2.6 掛け算ができないとき

僕「行列の掛け算では《掛ける、掛ける、足す》を基本にしたよね。ということは、行列の掛け算をするときには、成分同士を掛ける相手が必要になるんだ」

ユーリ「意味わかんない」

僕「2×2 行列と 2×2 行列なら、いつでも掛け算ができる。つ

まり行列の積が定義できる。こんなふうにね。

$$\begin{pmatrix} a & b \\ c & d \end{pmatrix} \begin{pmatrix} p & q \\ r & s \end{pmatrix} = \begin{pmatrix} ap+br & aq+bs \\ cp+dr & cq+ds \end{pmatrix} \quad \text{積が定義できる}$$

それから、2×2 行列と 2×3 行列の積も定義できる。

$$\begin{pmatrix} a & b \\ c & d \end{pmatrix} \begin{pmatrix} p & q & r \\ s & t & u \end{pmatrix} = \begin{pmatrix} ap+bs & aq+bt & ar+bu \\ cp+ds & cq+dt & cr+du \end{pmatrix} \quad \text{積が定義できる}$$

いいよね」

ユーリ「いいけど?」

僕「でも、掛ける順序を逆にした 2×3 行列と 2×2 行列の積は定義できないんだ」

$$\begin{pmatrix} p & q & r \\ s & t & u \end{pmatrix} \begin{pmatrix} a & b \\ c & d \end{pmatrix} = \begin{pmatrix} pa+qc+r? & pb+qd+r? \\ sa+tc+u? & sb+td+u? \end{pmatrix} \quad \text{積が定義できない}$$

ユーリ「ははーん、r と u には掛ける相手がいない! さびしー!」

僕「そういうこと。行列 A と B の積 AB が定義できるのは、A の列数と B の行数が等しいとき。たとえばこんなふうに」

$$\begin{pmatrix} \overset{1}{a} & \overset{2}{b} & \overset{3}{c} \\ d & e & f \end{pmatrix} \begin{pmatrix} p & q \\ r & s \\ t & u \end{pmatrix} \begin{matrix} 1 \\ 2 \\ 3 \end{matrix} \quad \text{積が定義できる}$$

ユーリ「この場合は掛ける順番を入れ換えてもいーよね?」

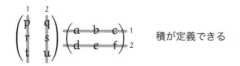

積が定義できる

僕「そうだね！ でも二つの積はまったく違う結果になるよ」

$$\begin{pmatrix} a & b & c \\ d & e & f \end{pmatrix} \begin{pmatrix} p & q \\ r & s \\ t & u \end{pmatrix} = \cdots$$

$$\begin{pmatrix} p & q \\ r & s \\ t & u \end{pmatrix} \begin{pmatrix} a & b & c \\ d & e & f \end{pmatrix} = \cdots$$

ユーリ「え？」

僕「計算してみればすぐわかるよ」

$$\begin{pmatrix} a & b & c \\ d & e & f \end{pmatrix} \begin{pmatrix} p & q \\ r & s \\ t & u \end{pmatrix} = \begin{pmatrix} ap+br+ct & aq+bs+cu \\ dp+er+ft & dq+es+fu \end{pmatrix}$$

$$\begin{pmatrix} p & q \\ r & s \\ t & u \end{pmatrix} \begin{pmatrix} a & b & c \\ d & e & f \end{pmatrix} = \begin{pmatrix} pa+qd & pb+qe & pc+qf \\ ra+sd & rb+se & rc+sf \\ ta+ud & tb+ue & tc+uf \end{pmatrix}$$

ユーリ「あっ！ ぜんぜん違う！」

僕「そうなんだよ。2×3 行列と 3×2 行列の積は 2×2 行列になるし、3×2 行列と 2×3 行列の積は 3×3 行列になるんだ」

ユーリ「なーるほど！」

僕「じゃ、ユーリにクイズだよ。この行列の積は？」

> **クイズ**（行列の積）
>
> $$\begin{pmatrix} a \\ b \end{pmatrix} \begin{pmatrix} p & q \end{pmatrix} = ?$$

ユーリ「そっか、2×1 行列と 1×2 行列の積……こう？」

$$\begin{pmatrix} a \\ b \end{pmatrix} \begin{pmatrix} p & q \end{pmatrix} = \begin{pmatrix} ap & aq \\ bp & bq \end{pmatrix}$$

僕「そうだね！ それでいいよ。《掛けて、掛けて、足す》じゃなくて《掛けた》だけで終わっちゃうんだね」

ユーリ「入れ換えると全然違う！」

$$\begin{pmatrix} p & q \end{pmatrix} \begin{pmatrix} a \\ b \end{pmatrix} = \begin{pmatrix} pa + qb \end{pmatrix}$$

僕「そうだね。ユーリは覚えてるかなあ。これはちょうどベクトルの内積の形になっているよね[*]」

2.7 足し算ができないとき

僕「定義できないことがあるのは、行列の積に限らないよ。行列の和も定義できないときがある」

ユーリ「足し算もできなくなっちゃうの？」

---

[*] 『数学ガールの秘密ノート／ベクトルの真実』参照。

僕「そうだね。たとえば、こういう行列の和は定義できない」

$$\begin{pmatrix} a & b & c \\ d & e & f \end{pmatrix} + \begin{pmatrix} p & q \\ r & s \end{pmatrix} = \begin{pmatrix} a+p & b+q & c+? \\ d+r & e+s & f+? \end{pmatrix} \quad \text{和が定義できない}$$

ユーリ「さっきと似てるね。cやfには足す相手がいないんだ！さびしー！」

僕「そういうことだね。僕たちは $\begin{pmatrix} 0 & 0 \\ 0 & 0 \end{pmatrix}$ を零行列と呼んできたけど、実はこれ、正確には 2×2 行列での零行列ということになる。行と列が違えば、そこには別のゼロがあるわけだから」

> さまざまな零行列
>
> $$2 \times 2 \text{ 行列} \quad \begin{pmatrix} 0 & 0 \\ 0 & 0 \end{pmatrix}$$
>
> $$3 \times 3 \text{ 行列} \quad \begin{pmatrix} 0 & 0 & 0 \\ 0 & 0 & 0 \\ 0 & 0 & 0 \end{pmatrix}$$
>
> $$2 \times 4 \text{ 行列} \quad \begin{pmatrix} 0 & 0 & 0 & 0 \\ 0 & 0 & 0 & 0 \end{pmatrix}$$
>
> $$4 \times 2 \text{ 行列} \quad \begin{pmatrix} 0 & 0 \\ 0 & 0 \\ 0 & 0 \\ 0 & 0 \end{pmatrix}$$
>
> $$1 \times 2 \text{ 行列} \quad \begin{pmatrix} 0 & 0 \end{pmatrix}$$
>
> $$2 \times 1 \text{ 行列} \quad \begin{pmatrix} 0 \\ 0 \end{pmatrix}$$
>
> $$1 \times 1 \text{ 行列} \quad \begin{pmatrix} 0 \end{pmatrix}$$

ユーリ「ゼロにいろんな種類がある!」

2.8 不思議な数、再び

ユーリ「もっといろんなの作ろーよ!」

僕「そうだ、《不思議な数》を作ろうか(p.6)」

> 《不思議な数》
> ABはゼロに等しいけど、AとBはどちらもゼロじゃない。

ユーリ「そっか、行列で考えると《不思議な数》が作れる？」

僕「そういうこと。AとBが数だったら、$AB = 0$ のときAとBのどちらかは必ず0になってしまう。でも、AとBが行列だったらどうだろう。$AB = O$ のときAとBのどちらかは必ず零行列 O になるだろうか」

ユーリ「AとBの成分をうまーく合わせると、ABがうまーく零行列 O になるのかにゃあ……」

僕「AとBのどちらかが零行列だったら、ABが零行列になることはすぐにわかる」

ユーリ「そりゃそーだね」

僕「だから、AとBのどちらも零行列じゃないのに、ABは零行列になる——そんなAとBを探したい」

ユーリ「うんうん」

僕「そういうAやBのことを**零因子**っていうんだ。零因子と呼ぶときもあるね」

> **問題 2-3**(零因子)
> AとBはどちらも 2×2 行列で、どちらも零行列Oに等しくないとする。このとき、
> $$AB = O$$
> になるAとBの組を一つ見つけよう。

ユーリ「……」

僕「問題の意味はわかるよね。

$$A = \begin{pmatrix} a_{11} & a_{12} \\ a_{21} & a_{22} \end{pmatrix}, \ B = \begin{pmatrix} b_{11} & b_{12} \\ b_{21} & b_{22} \end{pmatrix}$$

のようにしたときに、$A \neq O$ で、$B \neq O$ で、しかも、

$$\begin{pmatrix} a_{11} & a_{12} \\ a_{21} & a_{22} \end{pmatrix} \begin{pmatrix} b_{11} & b_{12} \\ b_{21} & b_{22} \end{pmatrix} = \begin{pmatrix} 0 & 0 \\ 0 & 0 \end{pmatrix}$$

になるようなAとBの組を探す」

ユーリ「……」

僕「行列の積の結果が、ちょうどうまいこと $\begin{pmatrix} 0 & 0 \\ 0 & 0 \end{pmatrix}$ になるように考えるんだ」

ユーリ「零行列じゃないけど、掛けたら零行列になるAとBを見つけるんでしょ。それはわかってるの。いま考えているからちょっと静かにしてて……」

僕「はいはい」

ユーリは計算を始めた。窓からの日差しを受けて彼女の髪が金色に輝く。

ユーリ「ねーお兄ちゃん。成分がぜんぶ 0 なのが零行列だよね？」

僕「そうだよ」

ユーリ「てことは、0 じゃない成分がひとつでもあれば、零行列じゃないよね？」

僕「その通り」

ユーリ「たとえば、$\begin{pmatrix} 1 & 0 \\ 0 & 0 \end{pmatrix}$ は零行列じゃないよね？」

僕「うん。零行列じゃないね」

ユーリ「だったら、できたよ！」

ユーリの解答 2-3（零因子）

$$A = \begin{pmatrix} 1 & 0 \\ 0 & 0 \end{pmatrix}, \quad B = \begin{pmatrix} 0 & 0 \\ 0 & 1 \end{pmatrix}$$

僕「おっ、できたね」

ユーリ「割とカンタンだった。掛け算すると、こーなるでしょ？」

$$
\begin{aligned}
AB &= \begin{pmatrix} 1 & 0 \\ 0 & 0 \end{pmatrix} \begin{pmatrix} 0 & 0 \\ 0 & 1 \end{pmatrix} \\
&= \begin{pmatrix} 1 \times 0 + 0 \times 0 & 1 \times 0 + 0 \times 1 \\ 0 \times 0 + 0 \times 0 & 0 \times 0 + 0 \times 1 \end{pmatrix} \\
&= \begin{pmatrix} 0 + 0 & 0 + 0 \\ 0 + 0 & 0 + 0 \end{pmatrix} \\
&= \begin{pmatrix} 0 & 0 \\ 0 & 0 \end{pmatrix} \\
&= O
\end{aligned}
$$

僕「いいね！ 確かに $AB = O$ だ。どうやって見つけたの？」

ユーリ「AB が零行列ってことは、AB の成分はぜんぶ0にしなくちゃいけないじゃん？」

僕「そうだね」

ユーリ「だから、A と B の成分にでっきるだけ0を入れたの」

僕「なるほど。だから、$\begin{pmatrix} 1 & 0 \\ 0 & 0 \end{pmatrix}$ や $\begin{pmatrix} 0 & 0 \\ 0 & 1 \end{pmatrix}$ みたいになったんだ」

ユーリ「聞いて聞いて！ A と B で1になってる成分がぶつからないよーにしたんだよ。だって、掛け算の相手って決まってるから！」

僕「ん？」

ユーリ「発見したんだ！ 成分の掛け算の相手は決まってる。誰とでも掛け算するわけじゃないの」

僕「たとえば、この例だと？」

$$\begin{pmatrix} a_{11} & a_{12} \\ a_{21} & a_{22} \end{pmatrix} \begin{pmatrix} b_{11} & b_{12} \\ b_{21} & b_{22} \end{pmatrix} = \begin{pmatrix} a_{11}b_{11} + a_{12}b_{21} & a_{11}b_{12} + a_{12}b_{22} \\ a_{21}b_{11} + a_{22}b_{21} & a_{21}b_{12} + a_{22}b_{22} \end{pmatrix}$$

ユーリ「よーく見るとわかるけど……

- a_{11} は、b_{11} と b_{12} としか掛け算しない
- a_{12} は、b_{21} と b_{22} としか掛け算しない
- a_{21} は、b_{11} と b_{12} としか掛け算しない
- a_{22} は、b_{21} と b_{22} としか掛け算しない

でしょでしょ? 掛け算の相手、決まってる」

僕「おお……」

ユーリ「てことは、a_{11} と b_{22} は掛け算しないから、この二つだけ1にして、残りはぜんぶ0にすればバッチリ!」

僕「うまい!」

ユーリ「これで《掛けて、掛けて、足す》のうち、《掛けて》の部分は必ず0になるじゃん? だから、$\begin{pmatrix} 1 & 0 \\ 0 & 0 \end{pmatrix} \begin{pmatrix} 0 & 0 \\ 0 & 1 \end{pmatrix}$ は零行列になるんじゃよ。ふぉふぉふぉ」

僕「すばらしい解答だなあ!」

ユーリ「へへー。0をたっぷり使えばカンタン、カンタン」

僕「これで、$A = \begin{pmatrix} 1 & 0 \\ 0 & 0 \end{pmatrix}, B = \begin{pmatrix} 0 & 0 \\ 0 & 1 \end{pmatrix}$ と置いて、AB を行列の積だと考えれば《不思議な数》を作ったことになるね、ユーリ」

ユーリ「やったー! ねねね、お兄ちゃん、次は何を作ろっか?」

僕「行列の足し算、引き算、掛け算ができたから、残るは……」

ユーリ「行列の割り算だね!」

2.9 行列の割り算

僕「じゃ、行列の割り算を考えてみよう」

ユーリ「わくわく」

僕「これまでと同じように、数の割り算から考えていこう。問いかけはこうなる。『数 a で数 b を割るというのはどういう計算だろうか』」

ユーリ「a で b を割るんだから、$b \div a$ ってこと？ どーゆー計算かと言われましても」

僕「難しい話じゃないよ。掛け算を使って

$$b \div a = b \times \frac{1}{a}$$

と考えればいい。『a で割る』というのを『$\frac{1}{a}$ を掛ける』と考えるわけだね」

ユーリ「それおかしくない？ だって、『$\frac{1}{a}$ とはどういう数だろうか』という話になるだけじゃん」

僕「まさにその通り！」

ユーリ「うわびっくり」

僕「そうなんだよ。つまり、割り算を考えるには逆数を考えればいいということになる」

ユーリ「逆数って $\frac{1}{a}$ のこと？」

僕「そうだね。a の逆数は $\frac{1}{a}$ になる。逆数というときには必ず『何の逆数か』をいう必要があるよ。3 の逆数は $\frac{1}{3}$ だし、10 の逆数は $\frac{1}{10}$ だし、123 の逆数は $\frac{1}{123}$ だね」

ユーリ「ふんふん」

僕「もしも $a = 0$ だったら、a の逆数は存在しない」

ユーリ「あー、0 で割っちゃいけないから」

僕「そういうこと。そして、ここでまた 1 が活躍する」

ユーリ「?」

僕「数 a の逆数というのは、a に掛けると 1 になる数と定義できるからね。つまり、掛け算と 1 を使って逆数が定義できる」

逆数

数 a と数 x の積が 1 に等しいとき、すなわち、

$$ax = 1$$

が成り立つとき、x を a の逆数という。
a の逆数を a^{-1} と書く。

ユーリ「ふんふん。掛け算して 1 ね」

僕「じゃ、クイズだよ。$\frac{1}{3}$ の逆数は?」

ユーリ「えっと、3 でしょ?」

僕「そうだね。どうして？」

ユーリ「どうしてって？」

僕「どうして 3 が $\frac{1}{3}$ の逆数なの？」

ユーリ「そー言われてもなー」

僕「定義だよ。逆数の定義」

ユーリ「あ、そゆこと？ $\frac{1}{3}$ が 3 の逆数なのは、$3 \times \frac{1}{3} = 1$ だから！」

僕「はい、正解です。3 と $\frac{1}{3}$ は互いに互いの逆数になっている」

ユーリ「掛けると 1 になるから。そっかー……定義ね。そー定義したからそーなんだ」

僕「ここまでは、数の話だった。数 a で割るときには、数 a の逆数である $\frac{1}{a}$ を掛ければいい。$\frac{1}{a}$ のことを a^{-1} と書くこともある。では、行列では……？」

ユーリ「行列でも同じ？」

僕「そう考えることにしよう。行列 A で割るときには、行列 A の逆行列を掛ける。じゃあ、A の逆行列はどう定義すればいいか？」

ユーリ「……」

僕「僕たちは行列のイチを知ってる」

ユーリ「単位行列！ $I = \begin{pmatrix} 1 & 0 \\ 0 & 1 \end{pmatrix}$ のこと？」

僕「そうそう！ しかも僕たちは行列の積も定義した。だから、数

の世界で逆数を考えたのと同じように、行列の世界で逆行列を考えることができる」

逆行列

行列 A と行列 X の積が単位行列 I に等しいとする。すなわち、

$$AX = I$$

が成り立つとき、X を A の逆行列という。
A の逆行列を、A^{-1} と書く。

ユーリ「同じだ！」

僕「成分で書いてみようか」

逆行列（成分）

行列 $\begin{pmatrix} a_{11} & a_{12} \\ a_{21} & a_{22} \end{pmatrix}$ と行列 $\begin{pmatrix} x_{11} & x_{12} \\ x_{21} & x_{22} \end{pmatrix}$ の積が単位行列 $\begin{pmatrix} 1 & 0 \\ 0 & 1 \end{pmatrix}$ に等しいとする。すなわち、

$$\begin{pmatrix} a_{11} & a_{12} \\ a_{21} & a_{22} \end{pmatrix} \begin{pmatrix} x_{11} & x_{12} \\ x_{21} & x_{22} \end{pmatrix} = \begin{pmatrix} 1 & 0 \\ 0 & 1 \end{pmatrix}$$

が成り立つとき、$\begin{pmatrix} x_{11} & x_{12} \\ x_{21} & x_{22} \end{pmatrix}$ を $\begin{pmatrix} a_{11} & a_{12} \\ a_{21} & a_{22} \end{pmatrix}$ の逆行列という。
$\begin{pmatrix} a_{11} & a_{12} \\ a_{21} & a_{22} \end{pmatrix}$ の逆行列を、$\begin{pmatrix} a_{11} & a_{12} \\ a_{21} & a_{22} \end{pmatrix}^{-1}$ と書く。

ユーリ「ねえお兄ちゃん。いやな予感がするんだけど」

僕「いやな予感?」

ユーリ「逆行列を求める計算って、ものすごい計算にならない?」

僕「どうかな。試してみようよ。たとえば、$\begin{pmatrix} 1 & 0 \\ 0 & 1 \end{pmatrix}$ の逆行列は求められる?」

ユーリ「$\begin{pmatrix} 1 & 0 \\ 0 & 1 \end{pmatrix}$ の逆行列って……同じ $\begin{pmatrix} 1 & 0 \\ 0 & 1 \end{pmatrix}$」

僕「そうだね。どうして?」

ユーリ「だって、

$$\begin{pmatrix} 1 & 0 \\ 0 & 1 \end{pmatrix} \begin{pmatrix} 1 & 0 \\ 0 & 1 \end{pmatrix} = \begin{pmatrix} 1 & 0 \\ 0 & 1 \end{pmatrix}$$

だから。掛け算して単位行列になった」

僕「その通り。だから、

$$\begin{pmatrix} 1 & 0 \\ 0 & 1 \end{pmatrix}^{-1} = \begin{pmatrix} 1 & 0 \\ 0 & 1 \end{pmatrix}$$

ということだね。これはちょうど、1の逆数 $\frac{1}{1}$ が1に等しいのに似てる」

ユーリ「ほんとだ!」

僕「じゃあ、$\begin{pmatrix} 3 & 0 \\ 0 & 3 \end{pmatrix}$ の逆行列は?」

ユーリ「もしかして、$\begin{pmatrix} \frac{1}{3} & 0 \\ 0 & \frac{1}{3} \end{pmatrix}$ じゃない? 計算するよ!」

$$\begin{pmatrix} 3 & 0 \\ 0 & 3 \end{pmatrix} \begin{pmatrix} \frac{1}{3} & 0 \\ 0 & \frac{1}{3} \end{pmatrix} = \begin{pmatrix} 3 \times \frac{1}{3} + 0 \times 0 & 3 \times 0 + 0 \times \frac{1}{3} \\ 0 \times \frac{1}{3} + 3 \times 0 & 0 \times 0 + 3 \times \frac{1}{3} \end{pmatrix}$$
$$= \begin{pmatrix} 1+0 & 0+0 \\ 0+0 & 0+1 \end{pmatrix}$$
$$= \begin{pmatrix} 1 & 0 \\ 0 & 1 \end{pmatrix}$$

僕「そうだね。$\begin{pmatrix} 3 & 0 \\ 0 & 3 \end{pmatrix}^{-1} = \begin{pmatrix} \frac{1}{3} & 0 \\ 0 & \frac{1}{3} \end{pmatrix}$になる。よく見つけたね!」

ユーリ「いやー、野生のカンといいますか。ほら$\begin{pmatrix} 1 & 0 \\ 0 & 1 \end{pmatrix}$が1みたいなんだから、$\begin{pmatrix} 3 & 0 \\ 0 & 3 \end{pmatrix}$は3みたいなもので、$\begin{pmatrix} \frac{1}{3} & 0 \\ 0 & \frac{1}{3} \end{pmatrix}$は$\frac{1}{3}$みたいなもんかなって」

僕「なるほどね。うん、行列ではこんな書き方ができるよ」

$$\begin{pmatrix} 3 & 0 \\ 0 & 3 \end{pmatrix} = 3 \begin{pmatrix} 1 & 0 \\ 0 & 1 \end{pmatrix}$$

ユーリ「3 でくくったみたい」

僕「そうだね。行列の前に数を書いて、行列の成分すべてに同じ数が掛けられていることを表せる。つまり、

$$\begin{pmatrix} ka & kb \\ kc & kd \end{pmatrix}$$

という行列は、

$$k \begin{pmatrix} a & b \\ c & d \end{pmatrix}$$

と書ける。だから、

$$\begin{pmatrix} 3 & 0 \\ 0 & 3 \end{pmatrix} = 3 \begin{pmatrix} 1 & 0 \\ 0 & 1 \end{pmatrix} = 3I$$

と書けるし、

$$\begin{pmatrix} \frac{1}{3} & 0 \\ 0 & \frac{1}{3} \end{pmatrix} = \frac{1}{3} \begin{pmatrix} 1 & 0 \\ 0 & 1 \end{pmatrix} = \frac{1}{3}I$$

と書ける。だから、$3I$ の逆行列は $\frac{1}{3}I$ といってもいい」

ユーリ「数に似てる！」

行列の定数倍

$$\begin{pmatrix} ka & kb \\ kc & kd \end{pmatrix} = k \begin{pmatrix} a & b \\ c & d \end{pmatrix}$$

僕「じゃ、次のクイズ。$\begin{pmatrix} 1 & 0 \\ 0 & 0 \end{pmatrix}$ の逆行列は？」

ユーリ「……あれ？ $\begin{pmatrix} 1 & 0 \\ 0 & 0 \end{pmatrix}$ の逆行列、作れないよ」

僕「そうだね。作れない。なぜかというと、

$$\begin{pmatrix} 1 & 0 \\ 0 & 0 \end{pmatrix} \begin{pmatrix} x_{11} & x_{12} \\ x_{21} & x_{22} \end{pmatrix} = \begin{pmatrix} 1 \times x_{11} + 0 \times x_{21} & 1 \times x_{12} + 0 \times x_{22} \\ 0 \times x_{11} + 0 \times x_{21} & 0 \times x_{12} + 0 \times x_{22} \end{pmatrix}$$

$$= \begin{pmatrix} x_{11} & x_{12} \\ 0 & 0 \end{pmatrix}$$

になるから、絶対に単位行列 $\begin{pmatrix} 1 & 0 \\ 0 & 1 \end{pmatrix}$ にできない」

ユーリ「へえ……逆行列がないこともあるんだ。じゃ、割り算で

きないじゃん！」

僕「数もそうだよね。0 の逆数は存在しないし、0 では割り算できない」

ユーリ「あ、そっか」

僕「じゃあ、いよいよ一般的に考えてみよう！ $\begin{pmatrix} a & b \\ c & d \end{pmatrix}$ の逆行列を求めるんだ」

ユーリ「$\begin{pmatrix} a & b \\ c & d \end{pmatrix}$ に何を掛けたら $\begin{pmatrix} 1 & 0 \\ 0 & 1 \end{pmatrix}$ になるか？」

僕「その通り！」

問題 2-4（逆行列）
数 a, b, c, d が与えられているとする。次の式を満たす w, x, y, z を求めよう。
$$\begin{pmatrix} a & b \\ c & d \end{pmatrix} \begin{pmatrix} w & x \\ y & z \end{pmatrix} = \begin{pmatrix} 1 & 0 \\ 0 & 1 \end{pmatrix}$$

ユーリ「お兄ちゃん……これものすごい計算になっちゃうよー」

僕「そうかなあ。$\begin{pmatrix} a & b \\ c & d \end{pmatrix} \begin{pmatrix} w & x \\ y & z \end{pmatrix}$ はすぐ計算できるよね」

ユーリ「できるけど……」

$$\begin{pmatrix} a & b \\ c & d \end{pmatrix} \begin{pmatrix} w & x \\ y & z \end{pmatrix} = \begin{pmatrix} 1 & 0 \\ 0 & 1 \end{pmatrix} \quad \text{問題の式}$$

$$\begin{pmatrix} aw + by & ax + bz \\ cw + dy & cx + dz \end{pmatrix} = \begin{pmatrix} 1 & 0 \\ 0 & 1 \end{pmatrix} \quad \text{左辺を計算した（行列の積）}$$

僕「では《求めるものは何か》」

ユーリ「求めるものは、w, x, y, z だよん」

僕「《与えられているものは何か》」

ユーリ「与えられているものは、a, b, c, d」

僕「そうだね。
$$\begin{pmatrix} aw + by & ax + bz \\ cw + dy & cx + dz \end{pmatrix} = \begin{pmatrix} 1 & 0 \\ 0 & 1 \end{pmatrix}$$

という式を満たすように w, x, y, z を a, b, c, d で表したい。つまり、逆行列を求めるためには、こんな**連立方程式**を解くことになる」

逆行列を求めるための連立方程式

$$\begin{cases} aw + by = 1 & \cdots \text{①} \\ ax + bz = 0 & \cdots \text{②} \\ cw + dy = 0 & \cdots \text{③} \\ cx + dz = 1 & \cdots \text{④} \end{cases}$$

ユーリ「すでにめんどーなんですけどー」

僕「連立方程式を解いてみよう。文字を消していくんだよ。最初は①と③を使って……」

ユーリ「ちょっと待ってよ。ユーリが解くんでしょ？ ①と③で、ええと、うん、y を消せる！」

$$\begin{cases} aw + by = 1 & \cdots ① \\ cw + dy = 0 & \cdots ③ \end{cases}$$

$$\begin{aligned} daw + dby &= d & d \times ① \\ bcw + bdy &= 0 & b \times ③ \end{aligned}$$

僕「$dby - bdy$ で y が消えるね」

$$\begin{aligned} daw - bcw &= d & d \times ① - b \times ③ \\ (da - bc)w &= d & w でくくった \end{aligned}$$

ユーリ「えーと、$da - bc$ で両辺を割り算したいんだけど……」

僕「どうしてこっちを見たんだろう」

ユーリ「$da - bc$ って 0 になったりしないの？」

僕「なるかもしれないね。だから、条件 $da - bc \neq 0$ が要る」

ユーリ「$da - bc \neq 0$ だったら、w は a, b, c, d で表せた！」

$$w = \frac{d}{da - bc} \qquad \cdots ⑤$$

僕「ちゃんと《ゼロ割り》にならないように注意したのは偉いな！」

ユーリ「②と④で z を消せそう」

$$\begin{cases} ax + bz = 0 & \cdots ② \\ cx + dz = 1 & \cdots ④ \end{cases}$$

$$dax + dbz = 0 \qquad\qquad d \times ②$$
$$bcx + bdz = b \qquad\qquad b \times ④$$

$$dax - bcx = -b \qquad\qquad d \times ② - b \times ④$$
$$(da - bc)x = -b \qquad\qquad x\text{ でくくった}$$

僕「いいねえ」

ユーリ「さっきと同じ。$da - bc \neq 0$ だと、x はわかる」

$$x = \frac{-b}{da - bc} \qquad\qquad \cdots ⑥$$

僕「ここまでで w と x がわかったね」

ユーリ「①と③で w を消せそう」

$$caw + cby = c \qquad\qquad c \times ①$$
$$acw + ady = 0 \qquad\qquad a \times ③$$

$$cby - ady = c \qquad\qquad c \times ① - a \times ③$$
$$(cb - ad)y = c \qquad\qquad y\text{ でくくった}$$

ユーリ「今度は $cb - ad \neq 0$ という新しい条件が出てきた」

僕「$cb - ad \neq 0$ は、さっき出てきた $da - bc \neq 0$ という条件と同じだよ。どちらも、

$$ad - bc \neq 0$$

という条件に書けるから」

$$(cb - ad)y = c \qquad \text{上の式}$$
$$-(cb - ad)y = -c \qquad \text{両辺の符号を反転した}$$
$$(-cb + ad)y = -c \qquad \text{マイナスをカッコの中に入れた}$$
$$(ad - cb)y = -c \qquad \text{順序を入れ換えた}$$
$$(ad - bc)y = -c \qquad cb = bc \text{ だから}$$

ユーリ「そっか。じゃあ、$ad - bc \neq 0$ という条件だったら、両辺を $ad - bc$ で割って y がわかるよ」

$$y = \frac{-c}{ad - bc} \qquad \cdots \text{⑦}$$

ユーリ「w, x, y がわかったね」

$$w = \frac{d}{da - bc} = \frac{d}{ad - bc} \qquad \cdots \text{⑤}'$$
$$x = \frac{-b}{da - bc} = \frac{-b}{ad - bc} \qquad \cdots \text{⑥}'$$
$$y = \frac{-c}{ad - bc} \qquad \cdots \text{⑦}$$

僕「残りは z だけ」

ユーリ「これは②と④で x を消せばいいんだ！」

$$\begin{cases} ax + bz = 0 & \cdots \text{②} \\ cx + dz = 1 & \cdots \text{④} \end{cases}$$

$$cax + cbz = 0 \qquad c \times \text{②}$$
$$acx + adz = a \qquad a \times \text{④}$$

$$cbz - adz = -a \qquad c \times ② - a \times ④$$
$$(cb - ad)z = -a \qquad z でくくった$$

僕「いいねえ」

ユーリ「まだだ！ また出た！ ほら、$cb - ad$ って、$-(ad - bc)$ だよね！ だったら、$ad - bc \neq 0$ という条件のとき……」

$$\begin{aligned} z &= \frac{-a}{cb - ad} \\ &= \frac{-a}{-(ad - bc)} \\ &= \frac{a}{ad - bc} \qquad \cdots ⑧ \end{aligned}$$

僕「これで、$ad - bc \neq 0$ という条件が成り立つときは……」

$$\begin{cases} w = \dfrac{d}{ad - bc} & \cdots ⑤' \\ x = \dfrac{-b}{ad - bc} & \cdots ⑥' \\ y = \dfrac{-c}{ad - bc} & \cdots ⑦ \\ z = \dfrac{a}{ad - bc} & \cdots ⑧ \end{cases}$$

ユーリ「逆行列、これで決まった！」

$$\begin{pmatrix} w & x \\ y & z \end{pmatrix} = \begin{pmatrix} \frac{d}{ad-bc} & \frac{-b}{ad-bc} \\ \frac{-c}{ad-bc} & \frac{a}{ad-bc} \end{pmatrix}$$

僕「すべての成分に $\frac{1}{ad-bc}$ が掛けられているから、行列の前に書けるよ」

ユーリ「あっ、ほんとだ！」

$$\begin{pmatrix} w & x \\ y & z \end{pmatrix} = \frac{1}{ad-bc} \begin{pmatrix} d & -b \\ -c & a \end{pmatrix}$$

解答2-4（逆行列）

数 a, b, c, d が与えられているとする。条件

$$ad - bc \neq 0$$

が成り立つとき、

$$\begin{pmatrix} w & x \\ y & z \end{pmatrix} = \frac{1}{ad-bc} \begin{pmatrix} d & -b \\ -c & a \end{pmatrix}$$

と置くと、この行列 $\begin{pmatrix} w & x \\ y & z \end{pmatrix}$ は次の式を満たす。

$$\begin{pmatrix} a & b \\ c & d \end{pmatrix} \begin{pmatrix} w & x \\ y & z \end{pmatrix} = \begin{pmatrix} 1 & 0 \\ 0 & 1 \end{pmatrix}$$

すなわち、

$$\begin{pmatrix} a & b \\ c & d \end{pmatrix}^{-1} = \frac{1}{ad-bc} \begin{pmatrix} d & -b \\ -c & a \end{pmatrix}$$

である。

ユーリ「……ややこしかった」

僕「《数の世界》と《行列の世界》の対応がだいぶわかってきたね」

《数の世界》		《行列の世界》
0	←---→	$O = \begin{pmatrix} 0 & 0 \\ 0 & 0 \end{pmatrix}$
1	←---→	$I = \begin{pmatrix} 1 & 0 \\ 0 & 1 \end{pmatrix}$
a	←---→	$A = \begin{pmatrix} a & b \\ c & d \end{pmatrix}$
$a \neq 0$	←---→	$ad - bc \neq 0$
$a^{-1} = \frac{1}{a}$	←---→	$A^{-1} = \dfrac{1}{ad-bc} \begin{pmatrix} d & -b \\ -c & a \end{pmatrix}$
$aa^{-1} = 1$	←---→	$AA^{-1} = I$

ユーリ「そっくりだ! ねねね、お兄ちゃん、次は何を作る?」

"ゼロとイチ、似てるけど違う。"

数の積から行列の積を作る話*

数の積 ax を拡張して、行列の積 AX を作っていこう。

コインの金額を考える

サイフにコインが入っている。

- 額面は、a 円とする（1 枚あたりの金額）。
- 枚数は、x 枚とする。

このとき、サイフに入っているコインの……

- 総金額は、ax 円である。

コインの重量を考える

サイフにコインが入っている。

- 重量は、b グラムとする（1 枚あたりの重量）。
- 枚数は、x 枚とする。

このとき、サイフに入っているコインの……

- 総重量は、bx グラムである。

コインの種類を増やす

コインの種類を増やそう。
コイン 1 とコイン 2 のように名前を付ける。

---

* p. 47 参照。

- 額面は、コイン1が a_1 円で、コイン2が a_2 円。
- 重量は、コイン1が b_1 グラムで、コイン2が b_2 グラム。

サイフにコイン1とコイン2が入っている。

- コイン1は、x_1 枚。
- コイン2は、x_2 枚。

このとき、サイフに入っているコインの……

- 総金額は、$a_1 x_1 + a_2 x_2$ 円である。
- 総重量は、$b_1 x_1 + b_2 x_2$ グラムである。

サイフを増やす

サイフを増やそう。

サイフ x とサイフ y のように名前を付ける。

- サイフ x にコイン1とコイン2が入っている。
    - コイン1は、x_1 枚。
    - コイン2は、x_2 枚。
- サイフ y にコイン1とコイン2が入っている。
    - コイン1は、y_1 枚。
    - コイン2は、y_2 枚。

このとき、

- サイフ x に入っているコインの……
    - 総金額は、$a_1 x_1 + a_2 x_2$ 円である。
    - 総重量は、$b_1 x_1 + b_2 x_2$ グラムである。
- サイフ y に入っているコインの……
    - 総金額は、$a_1 y_1 + a_2 y_2$ 円である。
    - 総重量は、$b_1 y_1 + b_2 y_2$ グラムである。

まとめよう

すべてをまとめるには表にするのがいい。

	サイフ x	サイフ y
額面 a	$a_1x_1 + a_2x_2$	$a_1y_1 + a_2y_2$
重量 b	$b_1x_1 + b_2x_2$	$b_1y_1 + b_2y_2$

この表を行列を使って書くと、

$$\begin{pmatrix} a_1x_1 + a_2x_2 & a_1y_1 + a_2y_2 \\ b_1x_1 + b_2x_2 & b_1y_1 + b_2y_2 \end{pmatrix}$$

という形になる。この形になるように行列の積を定義する。

$$\begin{pmatrix} a_1 & a_2 \\ b_1 & b_2 \end{pmatrix} \begin{pmatrix} x_1 & y_1 \\ x_2 & y_2 \end{pmatrix} = \begin{pmatrix} a_1x_1 + a_2x_2 & a_1y_1 + a_2y_2 \\ b_1x_1 + b_2x_2 & b_1y_1 + b_2y_2 \end{pmatrix}$$

ここで、行列 A と行列 X を次のように置く。

$$A = \begin{pmatrix} a_1 & a_2 \\ b_1 & b_2 \end{pmatrix}, \ X = \begin{pmatrix} x_1 & y_1 \\ x_2 & y_2 \end{pmatrix}$$

すると、行列 A は「コイン 1 枚あたりの情報」を表していて、行列 X は「コインの枚数についての情報」を表しているといえる。

これで、数の積 ax が行列の積 AX に拡張できた。

一般化

一般化するため、行列 A の成分はすべて a_{jk} の形で書き、行列 X の成分はすべて x_{jk} の形で書くことにしよう。

$$A = \begin{pmatrix} a_{11} & a_{12} \\ a_{21} & a_{22} \end{pmatrix}, \quad X = \begin{pmatrix} x_{11} & x_{12} \\ x_{21} & x_{22} \end{pmatrix}$$

とすると、

$$\begin{pmatrix} a_{11} & a_{12} \\ a_{21} & a_{22} \end{pmatrix} \begin{pmatrix} x_{11} & x_{12} \\ x_{21} & x_{22} \end{pmatrix} = \begin{pmatrix} a_{11}x_{11} + a_{12}x_{21} & a_{11}x_{12} + a_{12}x_{22} \\ a_{21}x_{11} + a_{22}x_{21} & a_{21}x_{12} + a_{22}x_{22} \end{pmatrix}$$

と定義できる。

一般化して、$m \times \ell$ 行列と $\ell \times n$ 行列の積は、

$$\begin{pmatrix} a_{11} & a_{12} & \cdots & a_{1\ell} \\ a_{21} & a_{22} & \cdots & a_{2\ell} \\ \vdots & \vdots & \ddots & \vdots \\ a_{m1} & a_{m2} & \cdots & a_{m\ell} \end{pmatrix} \begin{pmatrix} x_{11} & x_{12} & \cdots & x_{1n} \\ x_{21} & x_{22} & \cdots & x_{2n} \\ \vdots & \vdots & \ddots & \vdots \\ x_{\ell 1} & x_{\ell 2} & \cdots & x_{\ell n} \end{pmatrix}$$

$$= \begin{pmatrix} a_{11}x_{11} + a_{12}x_{21} + \cdots + a_{1\ell}x_{\ell 1} & \cdots & a_{11}x_{1n} + a_{12}x_{2n} + \cdots + a_{1\ell}x_{\ell n} \\ a_{21}x_{11} + a_{22}x_{21} + \cdots + a_{2\ell}x_{\ell 1} & \cdots & a_{21}x_{1n} + a_{22}x_{2n} + \cdots + a_{2\ell}x_{\ell n} \\ \vdots & \ddots & \vdots \\ a_{m1}x_{11} + a_{m2}x_{21} + \cdots + a_{m\ell}x_{\ell 1} & \cdots & a_{m1}x_{1n} + a_{m2}x_{2n} + \cdots + a_{m\ell}x_{\ell n} \end{pmatrix}$$

という $m \times n$ 行列になる。

第2章の問題

●**問題 2-1**（行列の積）

①〜⑨の計算をしましょう。

① $\begin{pmatrix} a & b \\ c & d \end{pmatrix} \begin{pmatrix} 1 & 0 \\ 0 & 1 \end{pmatrix}$

② $\begin{pmatrix} 1 & 0 \\ 0 & 1 \end{pmatrix} \begin{pmatrix} a & b \\ c & d \end{pmatrix}$

③ $\begin{pmatrix} a & b \\ c & d \end{pmatrix} \begin{pmatrix} 1 & 1 \\ 1 & 1 \end{pmatrix}$

④ $\begin{pmatrix} a & b \\ c & d \end{pmatrix} \begin{pmatrix} 1 & 2 \\ 1 & 2 \end{pmatrix}$

⑤ $\begin{pmatrix} a & b \\ c & d \end{pmatrix} \begin{pmatrix} 1 & 1 \\ 2 & 2 \end{pmatrix}$

⑥ $\begin{pmatrix} 1 & 1 \\ 1 & 1 \end{pmatrix} \begin{pmatrix} a & b \\ c & d \end{pmatrix}$

⑦ $\begin{pmatrix} 1 & 2 \\ 1 & 2 \end{pmatrix} \begin{pmatrix} a & b \\ c & d \end{pmatrix}$

⑧ $\begin{pmatrix} 1 & 1 \\ 2 & 2 \end{pmatrix} \begin{pmatrix} a & b \\ c & d \end{pmatrix}$

⑨ $\begin{pmatrix} a & b \\ c & d \end{pmatrix} \begin{pmatrix} a & b \\ c & d \end{pmatrix}$

（解答は p. 249）

●問題 2-2（和の定義可能性）

①〜⑧のうち、和が定義されるものはどれですか。またその和を求めてください。

① $\begin{pmatrix} 1 & 2 \\ 3 & 4 \end{pmatrix} + \begin{pmatrix} 10 & 20 \\ 30 & 40 \end{pmatrix}$

② $\begin{pmatrix} 1 & 2 \\ 3 & 4 \end{pmatrix} + \begin{pmatrix} 10 & 20 \end{pmatrix}$

③ $\begin{pmatrix} 1 & 2 \\ 3 & 4 \end{pmatrix} + \begin{pmatrix} 10 \\ 20 \end{pmatrix}$

④ $\begin{pmatrix} 1 & 2 \\ 3 & 4 \end{pmatrix} + \begin{pmatrix} 10 & 20 & 30 \\ 40 & 50 & 60 \end{pmatrix}$

⑤ $\begin{pmatrix} 1 & 2 & 3 \\ 4 & 5 & 6 \end{pmatrix} + \begin{pmatrix} 10 & 20 \\ 30 & 40 \end{pmatrix}$

⑥ $\begin{pmatrix} 1 & 2 & 3 \\ 4 & 5 & 6 \end{pmatrix} + \begin{pmatrix} 10 & 20 & 30 \\ 40 & 50 & 60 \end{pmatrix}$

⑦ $\begin{pmatrix} 1 & 2 \\ 3 & 4 \\ 5 & 6 \end{pmatrix} + \begin{pmatrix} 10 & 20 & 30 \\ 40 & 50 & 60 \end{pmatrix}$

⑧ $\begin{pmatrix} 1 & 2 & 3 \\ 4 & 5 & 6 \end{pmatrix} + \begin{pmatrix} 10 & 20 \\ 30 & 40 \\ 50 & 60 \end{pmatrix}$

（解答は p. 253）

●問題 2-3（積の定義可能性）

①〜⑧のうち、積が定義されるものはどれですか。またその積を求めてください。

① $\begin{pmatrix} 1 & 2 \\ 3 & 4 \end{pmatrix} \begin{pmatrix} 10 & 20 \\ 30 & 40 \end{pmatrix}$

② $\begin{pmatrix} 1 & 2 \\ 3 & 4 \end{pmatrix} \begin{pmatrix} 10 & 20 \end{pmatrix}$

③ $\begin{pmatrix} 1 & 2 \\ 3 & 4 \end{pmatrix} \begin{pmatrix} 10 \\ 20 \end{pmatrix}$

④ $\begin{pmatrix} 1 & 2 \\ 3 & 4 \end{pmatrix} \begin{pmatrix} 10 & 20 & 30 \\ 40 & 50 & 60 \end{pmatrix}$

⑤ $\begin{pmatrix} 1 & 2 & 3 \\ 4 & 5 & 6 \end{pmatrix} \begin{pmatrix} 10 & 20 \\ 30 & 40 \end{pmatrix}$

⑥ $\begin{pmatrix} 1 & 2 & 3 \\ 4 & 5 & 6 \end{pmatrix} \begin{pmatrix} 10 & 20 & 30 \\ 40 & 50 & 60 \end{pmatrix}$

⑦ $\begin{pmatrix} 1 & 2 \\ 3 & 4 \\ 5 & 6 \end{pmatrix} \begin{pmatrix} 10 & 20 & 30 \\ 40 & 50 & 60 \end{pmatrix}$

⑧ $\begin{pmatrix} 1 & 2 & 3 \\ 4 & 5 & 6 \end{pmatrix} \begin{pmatrix} 10 & 20 \\ 30 & 40 \\ 50 & 60 \end{pmatrix}$

（解答は p. 254）

●問題 2-4（3×3 行列の単位行列）
第2章では 2×2 行列の単位行列を定義しました。それでは、3×3 行列の単位行列はどうなりますか。

（解答は p. 258）

●問題 2-5（逆行列）
①〜③の逆行列を求めましょう。

① $\begin{pmatrix} 2 & 0 \\ 0 & 3 \end{pmatrix}$

② $\begin{pmatrix} 1 & 1 \\ 0 & 1 \end{pmatrix}$

③ $\begin{pmatrix} 0 & -1 \\ 1 & 0 \end{pmatrix}$

（解答は p. 259）

●問題 2-6（1×1 行列の逆行列）
1×1 行列 (a) の逆行列を求めてください。

（解答は p. 261）

●問題 2-7（逆行列の逆行列）

次の行列 A の逆行列 A^{-1} を求めてください。

$$A = \frac{1}{ad - bc}\begin{pmatrix} d & -b \\ -c & a \end{pmatrix}$$

（解答は p. 262）

第3章

アイを作ろう

"鴨のように見え、鴨のように泳ぎ、
鴨のように鳴くなら、それはおそらく鴨である。"
（ダック・テスト）

3.1 テトラちゃん

ここは高校の図書室。いまは放課後。僕は**テトラちゃん**とおしゃべりをしていた。

僕「……そんな話をユーリにしていたんだ。行列について和と積を考える。そしてゼロやイチはどんなものか考える。そのうちに《数の世界》と《行列の世界》の対応が少しずつ見えてくるってね」

テトラ「おもしろいですっ！」

テトラちゃんはそういって胸の前で両手を握った。彼女は僕の一年後輩。いつも元気いっぱい、好奇心たっぷりの女の子。僕たちは放課後、学校の図書室でよくおしゃべりをする。

僕「おもしろいよね」

テトラ「それにしても、ユーリちゃんってすごいです！ 中学生なのに行列までこなしちゃうなんて」

僕「でも《難しい》という先入観や《めんどうくさい》という気持ちがなければ、行列の計算そのものはシンプルだよね。テトラちゃんもすぐに覚えたじゃない」

テトラ「あ、はい。行列については三角関数を使った回転行列を先輩から教えていただきました*」

僕「そうだった、そうだった」

テトラ「はい。点 (a, b) を原点中心に θ(シータ) 回転させたときに移る点 (a', b') は、このような式で計算できました」

$$\begin{cases} a' = a\cos\theta - b\sin\theta \\ b' = a\sin\theta + b\cos\theta \end{cases}$$

僕「うん、そうだね」

テトラ「そして、ここには《掛けて、掛けて、足す》が出てきていますので、行列とベクトルの積で書くことができます。

$$\begin{pmatrix} a' \\ b' \end{pmatrix} = \begin{pmatrix} a\cos\theta - b\sin\theta \\ a\sin\theta + b\cos\theta \end{pmatrix} = \begin{pmatrix} \cos\theta & -\sin\theta \\ \sin\theta & \cos\theta \end{pmatrix} \begin{pmatrix} a \\ b \end{pmatrix}$$

先輩のお話を聞いていて思ったんですが、ベクトル $\begin{pmatrix} a \\ b \end{pmatrix}$ というのは、2×1 行列と同じですよね」

僕「うん。$\begin{pmatrix} \cos\theta & -\sin\theta \\ \sin\theta & \cos\theta \end{pmatrix} \begin{pmatrix} a \\ b \end{pmatrix}$ は、行列とベクトルの積と思ってもいいし、二つの行列の積と思ってもいい」

テトラ「行列とベクトルの積について初めてお聞きしたとき、あたしはさっぱりわかりませんでした。というのは、行列とベクトルの積という言葉に引きずられてしまったからです」

---

* 『数学ガールの秘密ノート／丸い三角関数』参照。

僕「なるほど」

テトラ「あたしは積というと数の積のイメージが強くて、もっと自由に発想できなかったんです。数以外のもの——たとえば行列とベクトルのようなものに積を定義していいなんて考えたこともありませんでした」

僕「数以外で演算を考えるのは、慣れないと混乱するよね」

テトラ「先輩のお話を聞いていて、テトラは発見しました」

僕「発見？」

テトラ「はい。先輩とユーリちゃんは和を定義してゼロを、積を定義してイチを考えていましたよね。それは、演算を考えないと個々の数や行列の意味が決まらないということです。何もないところで、これがゼロだ、これがイチだ、といっても意味がないといいますか」

僕「なるほど、確かにそうだね」

テトラ「《委員会》があって初めて《委員長》が意味を持つみたいに思えました。《生徒会》があって初めて《生徒会長》と《副会長》が意味を持つみたい……そんなふうに思いました」

僕「うん。数を考えるときも、行列を考えるときも、結局はその**集合**(しゅうごう)を考えてるからね。数の集合や行列の集合を考えて、その中での和や積を考えて、ゼロやイチを考えている」

テトラ「集合……」

3.2 交換法則

僕「数と行列は似ているところがとても多いね。たとえば、数と同じように行列では**和の交換法則**が成り立つ」

和の交換法則
任意の 2×2 行列 A, B に対して、
$$A + B = B + A$$
である。

テトラ「はい」

僕「行列で、和の交換法則は成り立つけれど、積の交換法則は成り立たない」

積の交換法則
任意の 2×2 行列 A, B に対して、
$$AB = BA$$
とは **限らない**。

テトラ「交換法則が成り立たない……交換できないということで

しょうか」

彼女は両手の人差し指を立て、左右の手を何度かクロスさせる。

僕「そうだね。和の交換法則については、数でも行列でも成り立つ。でも積の交換法則については、数では成り立つけど行列では成り立たない。行列では AB と BA とが等しくなるとは限らないから。積 AB の A と B を交換できるとは限らないんだね」

テトラ「数なら $ab = ba$ ですけれど、行列なら $AB \neq BA$ ということですか……あれ？ おかしいですよ、先輩」

僕「何がおかしいの？」

テトラ「単位行列 I を考えると、IA と AI はどちらも A に等しいですよね。ということは、IA = AI ではないんでしょうか」

僕「ああ、そうだね。確かに IA = AI は成り立つよ。さっき言ったけど、AB が BA と等しいとは限らない。《等しくない》じゃなくて《等しいとは限らない》。だから、AB が BA と等しくなることがあってもいいんだ。そういうとき、つまり AB = BA が成り立つとき、A と B は積について可換であるといったりするね。I と A は積について可換になっているけど、そうならない行列もある」

テトラ「そうなんですね……可換」

僕「数について積の交換法則が成り立つというのは、

　　任意の数 a, b に対して $ab = ba$ である

ということ。任意の数 a, b は積について可換であるともい

える」

テトラ「《任意の数に対して》というのは、《どんな数についても》ということですね」

僕「そうだね。そして、2×2 行列の積で交換法則が成り立たないというのは、

　　　　任意の 2×2 行列 A, B に対して $AB = BA$ である
　　　　……とはいえない

ということ」

テトラ「えっ？」

僕「どんな A, B を持ってきても $AB = BA$ だ！……とはいえない。言い換えるなら、$AB = BA$ にならない A, B が存在する。積について可換ではない A, B が存在するといっても同じ」

テトラ「$AB = BA$ にならない A, B が一組でもあるなら、交換法則は成り立たないということですか」

僕「そういうこと。英語の "not all" と似てるね」

テトラ「部分否定ですね！《すべてが○○というわけじゃない》」

僕「そうだね。行列の積で交換法則が成り立たないというのは、まさにそれだよ。すべての 2×2 行列 A, B について $AB = BA$ というわけじゃない」

テトラ「理解しました！」

交換法則（数）

和の交換法則

任意の数 a, b について、

$$a + b = b + a$$

である。

積の交換法則

任意の数 a, b について、

$$ab = ba$$

である。

交換法則（行列）

和の交換法則

任意の 2×2 行列 A, B について、

$$A + B = B + A$$

である。

積の交換法則

任意の 2×2 行列 A, B について、

$$AB = BA$$

とは **限らない**。

3.3 $AB \neq BA$ になる例

僕「行列では積の交換法則が成り立たないから、$AB = BA$ になるとは限らない。でも $AB = BA$ になるものがあってもかまわない。たとえば、単位行列 I については $IA = AI$ になる。I と A は交換できるんだね」

テトラ「交換できない A, B は、たとえばどんな行列ですか。$AB \neq BA$ ということですよね」

僕「そうだね。じゃあ、$AB \neq BA$ になる行列の例 A, B を探してみよう。《例示は理解の試金石》だからね」

クイズ
2×2 行列 A, B で、
$$AB \neq BA$$
になる組を一つ見つけよう。

テトラ「たとえば、$A = \begin{pmatrix} 1 & 1 \\ 0 & 0 \end{pmatrix}$ と $B = \begin{pmatrix} 1 & 0 \\ 1 & 0 \end{pmatrix}$ というのはどうでしょうか……

$$AB = \begin{pmatrix} 1 & 1 \\ 0 & 0 \end{pmatrix} \begin{pmatrix} 1 & 0 \\ 1 & 0 \end{pmatrix}$$

$$= \begin{pmatrix} 1 \times 1 + 1 \times 1 & 1 \times 0 + 1 \times 0 \\ 0 \times 1 + 0 \times 1 & 0 \times 0 + 0 \times 0 \end{pmatrix}$$

$$= \begin{pmatrix} 2 & 0 \\ 0 & 0 \end{pmatrix}$$

$$BA = \begin{pmatrix} 1 & 0 \\ 1 & 0 \end{pmatrix} \begin{pmatrix} 1 & 1 \\ 0 & 0 \end{pmatrix}$$

$$= \begin{pmatrix} 1 \times 1 + 0 \times 0 & 1 \times 1 + 0 \times 0 \\ 1 \times 1 + 0 \times 0 & 1 \times 1 + 0 \times 0 \end{pmatrix}$$

$$= \begin{pmatrix} 1 & 1 \\ 1 & 1 \end{pmatrix}$$

$AB = \begin{pmatrix} 2 & 0 \\ 0 & 0 \end{pmatrix}$ で、$BA = \begin{pmatrix} 1 & 1 \\ 1 & 1 \end{pmatrix}$ なので、$AB \neq BA$ ですよねっ?」

クイズの答え(例)
$A = \begin{pmatrix} 1 & 1 \\ 0 & 0 \end{pmatrix}, B = \begin{pmatrix} 1 & 0 \\ 1 & 0 \end{pmatrix}$ のとき、

$$AB \neq BA$$

になる。

僕「いいね! これで、行列では積の交換法則が成り立たないと証明できた。テトラちゃんの $A = \begin{pmatrix} 1 & 1 \\ 0 & 0 \end{pmatrix}, B = \begin{pmatrix} 1 & 0 \\ 1 & 0 \end{pmatrix}$ が**反例**に

なるからね。行列は数と似ているけど、積の交換法則が成り立たない。だから、数で公式になっていても、行列では公式にならないものがあるんだ。たとえば、数にはこんな展開の公式があるよね」

$$(a+b)^2 = a^2 + 2ab + b^2$$

テトラ「はい、大丈夫です」

僕「この展開の公式は、任意の数 a, b について $(a+b)^2 = a^2 + 2ab + b^2$ だといってるわけだよね。でも、この展開の公式は、行列 A, B で使えるとは限らない」

$$(A+B)^2 = A^2 + 2AB + B^2$$

行列で使えるとは限らない！

テトラ「とすると、行列の公式は、最初から新しく覚え直す必要があるということですか！ それはなかなか大変ですね……」

僕「いやいや、公式をどうやって作ったかを思い出せば、それほど大変じゃないよ。$(a+b)^2$ の公式はこうやって作ったよね？」

$$
\begin{aligned}
(a+b)^2 &= (a+b)(a+b) & &\text{2乗の意味から} \\
&= \boxed{(a+b)}(a+b) & &\text{積の片方に注目する} \\
&= \boxed{(a+b)}a + \boxed{(a+b)}b & &\text{カッコを外した} \\
&= (a+b)\boxed{a} + (a+b)\boxed{b} & &\text{積の片方に注目する} \\
&= a\boxed{a} + b\boxed{a} + a\boxed{b} + b\boxed{b} & &\text{カッコを外した} \\
&= aa + \boxed{ab} + ab + bb & &\text{積の交換法則 } ab = ba \text{ を使った} \\
&= aa + 2ab + bb & &\text{2個の } ab \text{ をまとめて } 2ab \text{ にした} \\
&= a^2 + 2ab + b^2 & &\text{2乗の意味から}
\end{aligned}
$$

テトラ「なるほどです。数では積の交換法則が使えるので、途中で ba を ab に直すことができました。それを使ってこの公式を作ったということですね」

僕「そうだね。数ではうまくいった。でも行列では積の交換法則が使えない。だから、この公式 $(a+b)^2 = a^2 + 2ab + b^2$ は行列には使えないわけだ」

テトラ「では、どういう公式になるんですか」

僕「$BA + AB$ が出てきても $2AB$ のようにまとめることはできない。だから、行列の場合はこうなるよ」

$$(A+B)^2 = A^2 + BA + AB + B^2$$

テトラ「ああ、BA と AB をそのままにしておくわけですか。でも、BA と AB がまとまらないと、うれしくありませんね」

僕「まあ、そうだね」

テトラ「それにしても、数の計算だと $ba + ab$ は無意識のうちに

$2ab$ と計算してしまいますから、行列の計算では注意が要りますね。$BA + AB$ は $2AB$ にできるとは限らない……」

3.4 分配法則

僕「ところで、テトラちゃんは気づいた？ いま行列で $(A+B)^2 = A^2 + BA + AB + B^2$ という公式の話をしたけど、この公式を作るためには、他の法則も使っているよ」

テトラ「交換法則以外に、ということですか」

僕「そうだよ。カッコを外すところで**分配法則**を使っているよね。こうなるんだ」

$$\begin{aligned}(A+B)^2 &= (A+B)(A+B) & \text{2 乗の意味から} \\ &= (A+B)A + (A+B)B & \text{カッコを外した（分配法則）} \\ &= AA + BA + AB + BB & \text{カッコを外した（分配法則）} \\ &= A^2 + BA + AB + B^2 & \text{2 乗の意味から}\end{aligned}$$

テトラ「ははあ……分配法則を使っていますね」

僕「そうだね。まず $(A+B)$ を左から掛けるときに使っている」

$$(A+B)(A+B)$$
$$= (A+B)A + (A+B)B$$

テトラ「はい。それから A と B を右から掛けるときにも」

$$(A+B)A + (A+B)B$$
$$= AA + BA + AB + BB$$

僕「うん。行列では分配法則が成り立つ。だから、数と似た公式が作れる。でも、積の交換法則は成り立たない。だから、数とまったく同じ公式にはならなかったんだね」

テトラ「分配法則……分配法則というのは、カッコを外すための法則なんですね」

僕「きちんと考えよう。まず、分配法則では二つの演算が出てくる。ここでは加算(+)と乗算(×)だね。乗算の記号 × は省略しちゃうけど」

テトラ「はい、わかります」

> **分配法則**
> 任意の数 a, b, c について、
> $$a(b+c) = ab + ac$$
> $$(a+b)c = ac + bc$$
> である。
> 任意の 2×2 行列 A, B, C について、
> $$A(B+C) = AB + AC$$
> $$(A+B)C = AC + BC$$
> である。

僕「分配法則という名前はいいよね。$(A+B)C$ でいえば、カッコの外にある C を、A と B に分配しているわけだから」

$$(A+B)C = AC + BC$$

テトラ「……」

僕「テトラちゃん?」

テトラ「え、あ、はい……先輩、分配法則そのものはいいのですが、気になることがあります」

僕「どんなこと?」

テトラ「行列では積の交換法則が成り立たないことを、反例を作って確かめましたよね。$AB \neq BA$ になる行列 A, B が一

組でもあれば、積の交換法則は成り立ちません」

僕「その通りだね。いいよ」

テトラ「でも、行列で分配法則が成り立つことは、どうしたら確かめられるんでしょうか。$(A + B)C = AC + BC$ になる具体的な行列 A, B, C で確かめただけではだめですよね」

僕「ああ、なるほど。そうだね。具体例で $(A + B)C = AC + BC$ を確かめただけではだめだね。任意の行列で確かめたわけじゃないから」

テトラ「ではどうすれば？」

僕「簡単だよ。**行列の成分**を使って確かめればいい」

テトラ「成分を使う？」

僕「そう。いまテトラちゃんは、任意の 2×2 行列 A, B, C に対して $(A + B)C = AC + BC$ だといいたい」

テトラ「そうですね」

僕「だったら、A, B, C を一般的な形で表現してやればいい。たとえば、$A = \begin{pmatrix} a_{11} & a_{12} \\ a_{21} & a_{22} \end{pmatrix}$ のように成分を文字で表す。B も C もそれぞれ同じように成分を文字で表す。あとは定義にしたがって $(A + B)C$ と $AC + BC$ をそれぞれ計算する」

テトラ「……」

僕「そして $(A + B)C$ と $AC + BC$ が行列として等しいこと——つまり対応する成分が等しいことを確かめる。それで、分配法則 $(A + B)C = AC + BC$ を証明したことになる。なぜか

はわかるよね」

テトラ「文字ですねっ！ 成分を文字で表すからです！」

僕「その通り。成分を文字で表せば、一般的な行列で確かめたことになる。だから、どんな具体的な行列を持ってきても、$(A+B)C = AC + BC$ が成り立つはずなんだ」

テトラ「当たり前のことを訊いてしまって、すみません」

僕「いや、ぜんぜん謝る必要はないよ」

テトラ「《文字を使って表す》のはとても大切なことなんですね」

3.5 結合法則

僕「交換法則、分配法則、それから結合法則もあるね」

テトラ「結合法則……」

僕「うん。任意の 2×2 行列 A, B, C に対して、
$$(AB)C = A(BC)$$
が成り立つ」

テトラ「これも数と同じですね。任意の数 $a, b, c,$ に対して、
$$(ab)c = a(bc)$$
が成り立ちますから」

僕「そうだね」

テトラ「でも、$(AB)C = A(BC)$ はあまり役に立ちませんね」

僕「えっ！ どうして？」

テトラ「あ、あの、展開の公式で出てこなかったので……」

僕「結合法則があるからこそ、行列 A, B, C の積を ABC と書けるんだよ」

テトラ「ABC と書ける……とは？」

僕「行列の積は、2個の行列について定義されているわけだから、ABC と三つ並べても意味がはっきりしないんだよ。だってね……

- AB に C を掛けた $(AB)C$ のことなのか、
- A に BC を掛けた $A(BC)$ のことなのか、

……どちらなのか、はっきりしないから」

テトラ「……」

僕「でも、結合法則があるから悩まなくてすむ。$(AB)C = A(BC)$ なんだから、**カッコを省略して** ABC と書いても意味はあいまいにならない。つまり、僕たちが ABC と書くことができるのは結合法則のおかげなんだね」

テトラ「なるほどです！……でも、カッコを省略できるというのは、ちょっとしたことですよね」

僕「そんなことないよ。だって、結合法則は繰り返し使えるからね。行列 A, B, C, D があったとしたら、$(AB)(CD)$ や、$A((BC)D)$ や、$(A(BC))D$ のように、いろんな積のパターン

が作れちゃう。でも結合法則があるから、安心して ABCD と書けるし、好きな順番で計算してかまわない。AB を先に計算してもいいし、BC を先に計算してもいい。これは大きなことだと思うけど」

テトラ「ちょっと待ってください、先輩。行列というのは AB = BA になるとは限らないですよ！」

僕「うん、それがどうしたの？」

テトラ「それなのに、好きな順番で計算してもいいんですか？」

僕「え……ああ、テトラちゃんは交換法則と結合法則を勘違いしているよ。たとえば、さっきの (AB)C と A(BC) を注意深く見てみるとわかる。

- (AB)C は、AB という積の結果と、C とを掛ける。
- A(BC) は、A と、BC という積の結果とを掛ける。

AB を先に計算するか、BC を先に計算するか、その順番は好きにしていい。でも、積の左右を交換しているわけじゃないよね。AB を BA にしているわけじゃないし、BC を CB にしているわけでもない」

テトラ「あっ、確かにそうですね。勘違いしていました……」

僕「それでね」

テトラ「……ちょっと、お待ちください。結合法則があるから ABC と書けるというとき、A, B, C を掛けていますよね」

僕「うん、A, B, C の積だから」

テトラ「もしかして、A + B + C も同じでしょうか。結合法則があるから A + B + C と書ける」

僕「おっと、そうだね！ A, B, C の和。和の結合法則が成り立っているから、(A + B) + C や A + (B + C) と書かなくても、あいまいにならない」

テトラ「納得です！」

結合法則

任意の数 a, b, c について、

$$(a + b) + c = a + (b + c)$$
$$(ab)c = a(bc)$$

である。
任意の 2×2 行列 A, B, C について、

$$(A + B) + C = A + (B + C)$$
$$(AB)C = A(BC)$$

である。

僕「積の結合法則があるから行列の冪乗も書きやすいね。結合法則が成り立つから、行列の積 $((A(A(BC)))C)((CB)B)$ を $AABCCCBB$ と書いてもいいし、同じ行列を続けて掛けているのをまとめて $A^2BC^3B^2$ のように書いてもいい」

$$((A(A(BC)))C)((CB)B) = AABCCCBB = A^2BC^3B^2$$

テトラ「なるほどです」

僕「でも交換法則は成り立たないから、AABCCCBB を $A^2B^3C^3$ とは書けない」

テトラ「単純に個数を数えてはだめで、同じ行列を何個続けて掛けているかが大事なのですね。積の交換法則がないから……。ああっ、あたしはつい $A^2B^3C^3$ とやってしまいそうです」

僕「行列の**指数法則**も考えられるね。たとえば、

$$A^2A^3 = (AA)(AAA) = AAAAA = A^5$$

になるけど、これは、

$$A^2A^3 = A^{2+3} = A^5$$

のように A の指数を足し合わせていることになるから」

テトラ「なるほど。2 個と 3 個を掛けるというのは、2 + 3 個を掛けるのと同じ」

僕「そういうこと、そういうこと。そして、指数法則を満たすようにするため、行列 A の 0 乗は単位行列だと定義するのがいいね。つまり、

$$A^0 = I$$

ということ。これはちょうど数 a の 0 乗を 1 と定義するのに似てる」

テトラ「ちょっとお待ちください。指数法則を満たすようにするために、$A^0 = I$ と定義する?」

僕「うん、そうだよ。$A^0 = I$ と定義すると、

$$A^2 A^0 = A^2 I = A^2$$

になるけど、これは結局、

$$A^2 A^0 = A^{2+0} = A^2$$

のように指数法則を満たしていることになる。つまり、《行列 A に単位行列を掛けた結果は、A のまま変わらない》というのが、《指数に 0 を足した結果は、同じ指数のまま変わらない》ということに対応するわけだ」

テトラ「ははあ……」

3.6 行列は何を表すか

僕「交換法則、分配法則、結合法則がわかっていたら、行列の計算もそれほど難しくないよ。行列で注意しなくちゃいけないのは、**積の交換法則が成り立たない**ところだけだから」

テトラ「……」

僕「そんなに計算ミスを心配しなくても大丈夫だよ」

テトラ「いえ、計算ミスではなくて、気になることがあるんです」

僕「気になること?」

テトラ「はい……あのですね。行列では積の交換法則は成り立たない。でも、それって、行列をそう決めたから——ですよね。だとしたら、それは当たり前ではないでしょうか」

僕「テトラちゃんは何に引っかかっているのかなあ」

テトラ「す、すみません。あたしは、やっぱり、行列のことがまだはっきりとわかっていないんだと思います。行列は数を並べたもの。それぞれの数を成分と呼ぶ。和や積の定義。いろんな法則。……そういうものは理解できます。で、でも "So what?"(だから、何?)と思うのです」

僕「……」

テトラ「数と違うものをわざわざ作って、積の交換法則だけは成り立たないことを確かめる……それって、何だか、わざわざややこしい計算ドリルをやってるみたいです」

僕「うーん……でも、それはなかなかおもしろいことだと思うんだけど。数に似ている行列というものを考えると、いろんな計算ができる。数と行列では似たような計算ができるんだけど、行列では積の交換法則が成り立たない。それから、数では $ab = 0$ のときに $a = 0$ または $b = 0$ が成り立つけど、行列ではそうとは限らない……そういうことを確かめていくのは、それだけでおもしろいと思うんだよ」

テトラ「あっ、はい。あたしもそれはおもしろいと思います。でも、あたしは——数がものの個数や量を表すように、行列も何かを表しているのかと思ったんです。ボールが三個あるのを 3 で表すように、何かが何かであることを行列は表しているのでしょうか」

僕「ああ、なるほど。たとえばほら、さっきテトラちゃんがいってた回転行列がまさにその例になっているよ。回転行列は、座標平面上の点を《回転させるもの》を表しているといえる。あれは、《行列が表しているもの》になるんじゃない」

テトラ「そうでした！ 回転行列の積で加法定理を作ったのを思い出しました！[*] 行列が表している《もの》はやっぱりあるんですね。少し安心しました」

3.7 アイを作ろう

僕「行列は、数と似ている《もの》も表しているよね。単純な例でいうと、1のような単位行列 $I = \begin{pmatrix} 1 & 0 \\ 0 & 1 \end{pmatrix}$ や、0のような零行列 $O = \begin{pmatrix} 0 & 0 \\ 0 & 0 \end{pmatrix}$ もある」

テトラ「はい、そうでしたそうでした。たとえば、-1 を表すのは $-I$ でしょうか」

僕「そうだね。$-I$ は $-1I$ と考えて、単位行列 I の成分すべてに -1 を掛ければいい」

$$I = \begin{pmatrix} 1 & 0 \\ 0 & 1 \end{pmatrix}$$

$$-I = \begin{pmatrix} -1 & 0 \\ 0 & -1 \end{pmatrix}$$

テトラ「-1 が $\begin{pmatrix} -1 & 0 \\ 0 & -1 \end{pmatrix}$ に対応するなら、**虚数単位** i は $\begin{pmatrix} i & 0 \\ 0 & i \end{pmatrix}$ に対応するんでしょうか」

僕「え？」

テトラ「虚数単位 i です。i は 2 乗したら -1 になる数ですよね。だとしたら、i に対応する行列は $\begin{pmatrix} i & 0 \\ 0 & i \end{pmatrix}$ になりそうです。

---

[*] 『数学ガールの秘密ノート／丸い三角関数』参照。

$\begin{pmatrix} i & 0 \\ 0 & i \end{pmatrix}$ を2乗したら確かに $\begin{pmatrix} -1 & 0 \\ 0 & -1 \end{pmatrix}$ になりますし」

$$\begin{pmatrix} i & 0 \\ 0 & i \end{pmatrix}^2 = \begin{pmatrix} i & 0 \\ 0 & i \end{pmatrix}\begin{pmatrix} i & 0 \\ 0 & i \end{pmatrix}$$
$$= \begin{pmatrix} i \times i + 0 \times 0 & i \times 0 + 0 \times i \\ 0 \times i + i \times 0 & 0 \times 0 + i \times i \end{pmatrix}$$
$$= \begin{pmatrix} i^2 + 0 & 0 + 0 \\ 0 + 0 & 0 + i^2 \end{pmatrix}$$
$$= \begin{pmatrix} i^2 & 0 \\ 0 & i^2 \end{pmatrix}$$
$$= \begin{pmatrix} -1 & 0 \\ 0 & -1 \end{pmatrix}$$

僕「ちょっと待って、テトラちゃん。テトラちゃんの計算は正しいし、確かに $\begin{pmatrix} i & 0 \\ 0 & i \end{pmatrix}$ は2乗すると $\begin{pmatrix} -1 & 0 \\ 0 & -1 \end{pmatrix}$ つまり $-I$ に等しいから、虚数単位 i に対応する行列といえなくはない……でも」

テトラ「でも？」

僕「でも $\begin{pmatrix} i & 0 \\ 0 & i \end{pmatrix}$ という行列を考えるとき、行列の成分に複素数を使ったことになる。虚数単位 i は複素数だから」

テトラ「あっ、それはまずかったんですか」

僕「いやいや、ぜんぜんまずくないよ。僕が思ったのは、行列の成分として実数を使っても、同じことができるんじゃないかということなんだ。うん、テトラちゃん！」

テトラ「はいっ！……何ですか？」

僕「テトラちゃんは、おもしろい問題を見つけたね！」

> **問題 3-1**（虚数単位 i に類似した行列）
> $I = \begin{pmatrix} 1 & 0 \\ 0 & 1 \end{pmatrix}$ として、
> $$J^2 = -I$$
> を満たす 2×2 行列 J を求めよ。ただし、J は**実行列**とする。

テトラ「実行列？」

僕「成分がすべて実数になっている行列のことを実行列っていうんだ。たとえばテトラちゃんがさっき言ってた $\begin{pmatrix} i & 0 \\ 0 & i \end{pmatrix}$ は成分の中に i という複素数があるから、実行列とはいえない」

テトラ「はい、そうですね」

僕「虚数単位 i は 2 乗すると -1 に等しくなる。だから、そこからの類推で考えると、2 乗すると $-I$ に等しくなる行列 J があったらそれは虚数単位 i のような行列だよね。テトラちゃんがさっき作った $\begin{pmatrix} i & 0 \\ 0 & i \end{pmatrix}$ でも、2 乗すると確かに $-I$ になる。でもね、成分を実数に制限したとしても——つまり実行列という条件を付けたとしても——それを 2 乗したら $-I$ になるような行列を作れるんじゃないか、それがこの問題 3-1 なんだ」

テトラ「……」

僕「単位行列に I という文字を使っちゃったから、2 乗すると $-I$ になるような行列のことは J と名付けることにしたけど。単位行列を E で表すことにすれば、虚数単位のような行列に I を使えたんだけどね」

テトラ「なるほどです！ これは《たとえ話》ですね！」

僕「たとえ話って？」

テトラ「数学的な比喩ですよ。行列を使って虚数単位という数の《たとえ話》を作るみたいです！」

僕「テトラちゃん、おもしろいことを言い出すなあ……」

3.8 Jを求めよう

テトラ「$J^2 = -I$になるJはどうやって見つけるんでしょう」

僕「テトラちゃんなら、わかるはずだよ」

テトラ「成分を計算して？」

僕「そうだね。それで、きっと求められると思うな」

テトラ「や、やってみます！ $J = \begin{pmatrix} a & b \\ c & d \end{pmatrix}$と置いて、$a, b, c, d$を求めるということですよね……」

$$\begin{aligned}
J^2 &= JJ \\
&= \begin{pmatrix} a & b \\ c & d \end{pmatrix}\begin{pmatrix} a & b \\ c & d \end{pmatrix} \\
&= \begin{pmatrix} aa + bc & ab + bd \\ ca + dc & cb + dd \end{pmatrix} \\
&= \begin{pmatrix} a^2 + bc & ab + bd \\ ca + dc & cb + d^2 \end{pmatrix}
\end{aligned}$$

僕「うん、そしてこの行列が $-I$ に等しいから……」

テトラ「こういうことですね?」

$$\begin{pmatrix} a^2+bc & ab+bd \\ ca+dc & cb+d^2 \end{pmatrix} = \begin{pmatrix} -1 & 0 \\ 0 & -1 \end{pmatrix}$$

僕「あとは a, b, c, d に関する連立方程式になるよね」

J を求めるための連立方程式(その 1)

$$\begin{cases} a^2 + bc = -1 & \cdots \text{①} \\ ab + bd = 0 & \cdots \text{②} \\ ca + dc = 0 & \cdots \text{③} \\ cb + d^2 = -1 & \cdots \text{④} \end{cases}$$

僕「未知数が a, b, c, d の四つあって式も四本あるから、求められるかな? まずは $=0$ のあたりを攻めよう」

テトラ「はい。②の $ab + bd = 0$ から、$b(a+d) = 0$ になるので、$b = 0$ または $a + d = 0$ ですね」

僕「$b = 0$ にはならないみたいだよ、テトラちゃん」

テトラ「え?! どうしてですか?」

僕「だって、ほら、①に $a^2 + bc = -1$ があるからね。$b = 0$ だったら、$a^2 = -1$ になるけど、a は実数なので 2 乗して -1 になることはない」

テトラ「あっ、先取りしないでくださいっ！……そうすると、$b \ne 0$ なので、②からいえるのは $a+d=0$ ですね。同じことは③からもいえます。$ca+dc=0$ から、$c(a+d)=0$ になって、$c=0$ または $a+d=0$ です。でも、$c=0$ だと、④に $cb+d^2 = -1$ がありますから、$d^2 = -1$ になってしまって、こんな実数 d はありません。$c \ne 0$ ですね」

僕「$a+d=0$ から $d=-a$ がいえるから、④から $cb+a^2 = -1$ がいえるけど、実はこれは①と同じ式。ということは連立方程式は結局こうなるね」

J を求めるための連立方程式（その 2）

$$\begin{cases} a^2 + bc = -1 & \cdots ① \\ a + d = 0 & \cdots ②' \end{cases}$$

テトラ「はい」

僕「未知数が四つあるのに式は二本しかない、文字が二つ残ってしまうなあ。$a^2+bc=-1$ から、$b \ne 0$ に注意して $c = -\frac{a^2+1}{b}$ がいえる。これで、a, b の二つの文字で c, d が表せるね」

$$J = \begin{pmatrix} a & b \\ c & d \end{pmatrix} = \begin{pmatrix} a & b \\ -\frac{a^2+1}{b} & -a \end{pmatrix}$$

テトラ「これは本当に 2 乗したら $-I$ になる行列なんでしょうか」

僕「検算してみればいい。2 乗して $-I$ になるかどうか」

$$J^2 = \begin{pmatrix} a & b \\ -\frac{a^2+1}{b} & -a \end{pmatrix} \begin{pmatrix} a & b \\ -\frac{a^2+1}{b} & -a \end{pmatrix}$$
$$= \begin{pmatrix} a^2 - b \cdot \frac{a^2+1}{b} & ab - ba \\ -\frac{a^2+1}{b} \cdot a + a \cdot \frac{a^2+1}{b} & -\frac{a^2+1}{b} \cdot b + a^2 \end{pmatrix}$$
$$= \begin{pmatrix} -1 & 0 \\ 0 & -1 \end{pmatrix}$$

テトラ「なりますね……」

解答 3-1(虚数単位 i に類似した行列)
成分がすべて実数の 2×2 行列 J で、a を実数、b を 0 以外の実数として、

$$J = \begin{pmatrix} a & b \\ -\frac{a^2+1}{b} & -a \end{pmatrix}$$

とすれば、

$$J^2 = -I$$

を満たす。ただし、$I = \begin{pmatrix} 1 & 0 \\ 0 & 1 \end{pmatrix}$ とする。

テトラ「はい……でも、この J って何だかよくわかりませんね。成分がわかっても、よくわからない行列です」

僕「まあ、確かに」

3.9 ミルカさん

図書室で僕とテトラちゃんが話しているところへクラスメートの**ミルカさん**がやってきた。彼女は数学を楽しむ仲間であると同時に、僕たちを導くリーダー的な存在でもある。

ミルカ「今日は、どんな問題?」

テトラ「あ、ミルカさん!」

僕「虚数単位 i のような行列を作ってたんだよ。ちょうどいま計算できたところ」

ミルカ「ふうん……」

彼女は長い黒髪を揺らして、テトラちゃんのノートをのぞき込む。

テトラ「$J^2 = -I$ になるような行列 J を、成分の計算で求めたんですが……」

$$J = \begin{pmatrix} a & b \\ -\frac{a^2+1}{b} & -a \end{pmatrix}$$

ミルカ「J^2 を計算すれば確かに $-I$ になる」

テトラ「あ、はい。先ほど検算はすませました。でもまだ J が何を表しているのかピンと来なくて……」

ミルカ「a, b というパラメータがあるから、具体例を作れば楽しそうだな。たとえば $a = 0$ で $b = -1$ とする」

テトラ「a を 0 にして、b を -1 にすると、

$$J = \begin{pmatrix} a & b \\ -\frac{a^2+1}{b} & -a \end{pmatrix} = \begin{pmatrix} 0 & -1 \\ 1 & 0 \end{pmatrix}$$

になりますけれど？」

ミルカ「この J ならわかりやすい」

テトラ「どうしてでしょう」

僕「どういうこと？」

ミルカ「$I, J, -I, -J$ と並べてみればわかる」

$$I = \begin{pmatrix} 1 & 0 \\ 0 & 1 \end{pmatrix}$$

$$J = \begin{pmatrix} 0 & -1 \\ 1 & 0 \end{pmatrix}$$

$$-I = \begin{pmatrix} -1 & 0 \\ 0 & -1 \end{pmatrix}$$

$$-J = \begin{pmatrix} 0 & 1 \\ -1 & 0 \end{pmatrix}$$

テトラ「この 4 個の行列に意味があるんですか？」

ミルカ「J^n の方がわかりやすいか。成分の繰り返しを見る」

$$J^0 = \begin{pmatrix} 1 & 0 \\ 0 & 1 \end{pmatrix}$$

$$J^1 = \begin{pmatrix} 0 & -1 \\ 1 & 0 \end{pmatrix}$$

$$J^2 = \begin{pmatrix} -1 & 0 \\ 0 & -1 \end{pmatrix}$$

$$J^3 = \begin{pmatrix} 0 & 1 \\ -1 & 0 \end{pmatrix}$$

テトラ「成分の繰り返し……」

僕「これは……」

ミルカ「そして J^4 はこうだ」

$$J^4 = \begin{pmatrix} 1 & 0 \\ 0 & 1 \end{pmatrix} = I$$

僕「4乗するとIに戻る！ 回転行列か！」

テトラ「どういうことですか？」

僕「Jは、$\frac{\pi}{2}$ ラジアンつまり $90°$ の回転行列なんだよ！」

$$J = \begin{pmatrix} \cos\frac{\pi}{2} & -\sin\frac{\pi}{2} \\ \sin\frac{\pi}{2} & \cos\frac{\pi}{2} \end{pmatrix} = \begin{pmatrix} 0 & -1 \\ 1 & 0 \end{pmatrix}$$

ミルカ「そのように見なせる」

テトラ「虚数単位 i に対応する行列が $\frac{\pi}{2}$ の回転行列！」

僕「おもしろいなあ」

3.10 複素数

ミルカ「1 と i が手に入ったから複素数を作りたくなるな」

テトラ「複素数を作る?」

ミルカ「複素数は実数 p, q を使って、

$$p + qi$$

と表すことができる。これを、

$$p \cdot 1 + q \cdot i$$

だと見なそう」

僕「なるほど?」

ミルカ「p 倍した 1 と q 倍した i とを加えて複素数を表している」

僕「いわば 1 を《実数単位》と見なすんだね。実数単位とはいわないけど」

ミルカ「そして p + qi と同じように pI + qJ を考える」

僕「複素数 p + qi に対応する行列を pI + qJ と考えるわけか!」

《数の世界》		《行列の世界》
$p + qi$	←----→	$pI + qJ$

テトラ「もしかして、行列はどんな複素数でも表せるんでしょうか」

ミルカ「行列の世界で ω(オメガ) のワルツを踊ろう*」

問題 3-2（3乗すると単位行列になる行列）
$I = \begin{pmatrix} 1 & 0 \\ 0 & 1 \end{pmatrix}, J = \begin{pmatrix} 0 & -1 \\ 1 & 0 \end{pmatrix}$ とする。p, q を実数とし、

$$X = pI + qJ$$

で表される 2×2 行列 X を考える。X が、

$$X^3 = I$$

を満たすときの p, q を求めよ。

テトラ「ω……?」

僕「3乗すると 1 になる複素数のうち、1 以外のものの一つを ω と呼ぶことがあるんだよ。$\omega^3 = 1$ ということだね」

ミルカ「$X^3 = I$ は、$x^3 = 1$ という方程式の類似物」

《数の世界》　　　　《行列の世界》

$x^3 = 1$ 　　　$\longleftrightarrow$ 　　　$X^3 = I$

テトラ「$X^3 = I$ ということは、

$$(pI + qJ)^3 = I$$

となるということですよね。ええと、成分で表しますと、

---

* ω のワルツについては『数学ガール』を参照。

$$\left(p\begin{pmatrix}1 & 0 \\ 0 & 1\end{pmatrix} + q\begin{pmatrix}0 & -1 \\ 1 & 0\end{pmatrix}\right)^3 = \begin{pmatrix}1 & 0 \\ 0 & 1\end{pmatrix}$$

ですから、

$$\begin{pmatrix}p & -q \\ q & p\end{pmatrix}^3 = \begin{pmatrix}1 & 0 \\ 0 & 1\end{pmatrix}$$

ですね。ではさっそく計算を……」

僕「いや、ちょっと待ってテトラちゃん。いきなり成分計算に持ち込まない方がいい。$(pI + qJ)^3$ を公式で展開すればいいんだよ。ほら、

$$(a+b)^3 = a^3 + 3a^2b + 3ab^2 + b^3$$

という形になっているから」

テトラ「でも、行列では積の交換法則が成り立ちませんから、数の公式は使えません」

僕「いやいや、ここでは大丈夫。だって、行列の積が出てくるところはぜんぶ、I と J の積になっているからね。I は単位行列なので、$IJ = JI$ になる。だから、安心して、

$$(a+b)^3 = a^3 + 3a^2b + 3ab^2 + b^3$$

の公式が使えるんだよ！」

テトラ「ああ！」

$$(pI+qJ)^3$$
$$= (pI)^3 + 3(pI)^2(qJ) + 3(pI)(qJ)^2 + (qJ)^3 \quad \text{展開の公式より}$$
$$= p^3I^3 + 3p^2qI^2J + 3pq^2IJ^2 + q^3J^3 \quad \text{カッコを外した}$$
$$= p^3I + 3p^2qJ + 3pq^2J^2 + q^3J^3 \quad I^3 = I \text{ と } I^2 = I \text{ だから}$$
$$= p^3I + 3p^2qJ - 3pq^2I - q^3J \quad J^2 = -I, J^3 = -J \text{ だから}$$
$$= (p^3 - 3pq^2)I + (3p^2q - q^3)J \quad I \text{ と } J \text{ でまとめた}$$

僕「成分を表に出さずにここまで計算が進められたね」

$$(pI+qJ)^3 = I \quad \text{与えられた方程式}$$
$$(p^3 - 3pq^2)I + (3p^2q - q^3)J = I \quad \text{ここまで計算が進められた}$$

テトラ「そろそろ成分を……？」

僕「そうだね。成分を見よう」

$$(p^3 - 3pq^2)\begin{pmatrix} 1 & 0 \\ 0 & 1 \end{pmatrix} + (3p^2q - q^3)\begin{pmatrix} 0 & -1 \\ 1 & 0 \end{pmatrix} = \begin{pmatrix} 1 & 0 \\ 0 & 1 \end{pmatrix} \quad \text{成分を見た}$$
$$\begin{pmatrix} p^3 - 3pq^2 & -(3p^2q - q^3) \\ 3p^2q - q^3 & p^3 - 3pq^2 \end{pmatrix} = \begin{pmatrix} 1 & 0 \\ 0 & 1 \end{pmatrix}$$

テトラ「こんな連立方程式になります」

$$\begin{cases} p^3 - 3pq^2 = 1 & \cdots \text{①} \\ 3p^2q - q^3 = 0 & \cdots \text{②} \end{cases}$$

ミルカ「あとの計算は一本道」

僕「② から、q をくくり出すと $q(3p^2 - q^2) = 0$ になるので、$q = 0$ または $3p^2 = q^2$ だね。$q = 0$ のとき、① から、$p^3 - 1 = 0$ で、これを満たす実数は $p = 1$ だけ。これで一つ

の解が得られたよ。$(p, q) = (1, 0)$ だ」

テトラ「先輩、計算速すぎます。どうして $p^3 - 1 = 0$ を満たす実数 p は 1 だけなんでしょうか」

僕「$p^3 - 1 = (p - 1)(p^2 + p + 1)$ のように因数分解できるから、求める実数 p は、$p = 1$ または $p^2 + p + 1 = 0$ を満たす。p に関する二次方程式 $p^2 + p + 1 = 0$ の判別式は $1^2 - 4 \cdot 1 \cdot 1 = -3$ で負になる。判別式が負だから、実数解が存在しない。つまり $p^2 + p + 1 = 0$ を満たす実数 p は存在しないということだよね」

テトラ「ああ、なるほど。二次方程式の判別式……」

僕「$q = 0$ または $3p^2 = q^2$ のうち $q = 0$ はいま調べたから、残っているのは、$3p^2 = q^2$ の場合。① にはちょうど q^2 があるから、それを $3p^2$ で置き換える。$p^3 - 3p(3p^2) = 1$ だから、$8p^3 + 1 = 0$ だね。$2^3 = 8$ に注目して、$8p^3 + 1 = (2p)^3 + 1 = (2p + 1)(4p^2 - 2p + 1)$ と因数分解できる」

テトラ「先輩、因数分解速すぎます」

僕「$(2p + 1)(4p^2 - 2p + 1)$ を展開してみれば、$8p^3 + 1$ になるのは確かめられるよね」

テトラ「そうですけど……」

僕「$2p + 1 = 0$ または $4p^2 - 2p + 1 = 0$ のうち、$2p + 1 = 0$ からは $p = -\frac{1}{2}$ が得られる。$4p^2 - 2p + 1 = 0$ は実数解を持たない」

テトラ「判別式が $(-2)^2 - 4 \cdot 4 \cdot 1 = -12$ で負だからですね」

僕「そうだね。$p = -\frac{1}{2}$ のとき、$3p^2 = q^2$ を解くと、$q^2 = \frac{3}{4}$ から $q = \pm\frac{\sqrt{3}}{2}$ になる。まとめると、

$$(p, q) = (1, 0), \ (-\tfrac{1}{2}, \tfrac{\sqrt{3}}{2}), \ (-\tfrac{1}{2}, -\tfrac{\sqrt{3}}{2})$$

で、確かに！ ω が出てくるね！」

解答 3-2（3乗すると単位行列になる行列）
求める p, q は次の3組になる。
$$(p, q) = (1, 0), \ (-\tfrac{1}{2}, \tfrac{\sqrt{3}}{2}), \ (-\tfrac{1}{2}, -\tfrac{\sqrt{3}}{2})$$

テトラ「ω……」

ミルカ「ω は 1 の 3 乗根のうち実数ではないものの一つ」

$$\omega = \frac{-1 + \sqrt{3}i}{2} = \underbrace{-\frac{1}{2}}_{p} + \underbrace{\frac{\sqrt{3}}{2}}_{q} i$$

僕「これで、$X^3 = I$ の解も I と J を使って同じように書けることがわかったんだね」

3.10 複素数

$$
\begin{array}{ccc}
《数の世界》 & & 《行列の世界》 \\
x^3 = 1 & \longleftrightarrow & X^3 = I \\
\downarrow & & \downarrow \\
1 & \longleftrightarrow & I \\
-\dfrac{1}{2} + \dfrac{\sqrt{3}}{2}i & \longleftrightarrow & -\dfrac{1}{2}I + \dfrac{\sqrt{3}}{2}J \\
-\dfrac{1}{2} - \dfrac{\sqrt{3}}{2}i & \longleftrightarrow & -\dfrac{1}{2}I - \dfrac{\sqrt{3}}{2}J
\end{array}
$$

ミルカ「ω は 3 乗すると 1 になる。3 拍子だな」

$$\omega^1 = \frac{-1 + \sqrt{3}i}{2}$$

$$\omega^2 = \left(\frac{-1 + \sqrt{3}i}{2}\right)^2 = \frac{-1 - \sqrt{3}i}{2}$$

$$\omega^3 = \left(\frac{-1 + \sqrt{3}i}{2}\right)^3 = 1$$

テトラ「3 乗すると 1 になるのが 3 拍子……?」

ミルカ「1 を ω^0 と考えれば、3 乗するたびに 0 乗に戻るといえる。3 拍子のワルツのように」

ω^0	ω^1	ω^2	ω^3	ω^4	ω^5	ω^6	ω^7	ω^8	$\cdots$
$\vdots$	$\vdots$	$\vdots$	$\vdots$	$\vdots$	$\vdots$	$\vdots$	$\vdots$	$\vdots$	
1	ω	ω^2	1	ω	ω^2	1	ω	ω^2	$\cdots$

テトラ「ああ、それで ω のワルツ……」

僕「ωは複素数平面上に置いた正三角形の頂点でもあるね」

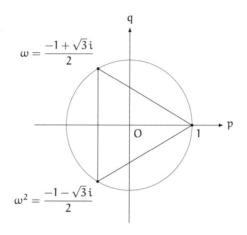

ミルカ「思い出深い複素数だ」

テトラ「pI + qJ という行列はωのような複素数も表せるんですね。あたしは、行列は回転行列のことしか知りませんでした。行列は虚数単位 i を表したり、複素数ωを表したり……」

ミルカ「解答3-2 で $(pI + qJ)^3 = I$ を満たす三組の (p, q) を求めた。そのすべてについて pI + qJ は回転行列になる。$0, \frac{2\pi}{3}, \frac{4\pi}{3}$ ラジアンの回転だ」

(p, q)	$pI + qJ$	**回転行列**
$(1, 0)$	$\begin{pmatrix} 1 & 0 \\ 0 & 1 \end{pmatrix}$	$\begin{pmatrix} \cos 0 & -\sin 0 \\ \sin 0 & \cos 0 \end{pmatrix}$
$(-\frac{1}{2}, \frac{\sqrt{3}}{2})$	$\begin{pmatrix} -\frac{1}{2} & -\frac{\sqrt{3}}{2} \\ \frac{\sqrt{3}}{2} & -\frac{1}{2} \end{pmatrix}$	$\begin{pmatrix} \cos \frac{2\pi}{3} & -\sin \frac{2\pi}{3} \\ \sin \frac{2\pi}{3} & \cos \frac{2\pi}{3} \end{pmatrix}$
$(-\frac{1}{2}, -\frac{\sqrt{3}}{2})$	$\begin{pmatrix} -\frac{1}{2} & \frac{\sqrt{3}}{2} \\ -\frac{\sqrt{3}}{2} & -\frac{1}{2} \end{pmatrix}$	$\begin{pmatrix} \cos \frac{4\pi}{3} & -\sin \frac{4\pi}{3} \\ \sin \frac{4\pi}{3} & \cos \frac{4\pi}{3} \end{pmatrix}$

テトラ「えっ……」

ミルカ「行列は、さまざまなものを表現できる。たとえば——」

図書室に入ってきた女の子を見て、ミルカさんは指を鳴らす。

ミルカ「ちょうどいい。**リサ**に手伝ってもらおう」

"人間の模倣が目的のプログラムと対話する判定者は、
相手がプログラムであることを見破れるか。"
(チューリング・テスト)

第3章の問題

●**問題 3-1**（行列で成り立つ式）

①〜⑦のうち、任意の 2×2 行列 A, B, C に対して成り立つ式はどれですか。ただし、I は 2×2 行列の単位行列とします。

① $A + B = B + A$
② $AB = BA$
③ $AB + BA = 2AB$
④ $(A + B)(A - B) = A^2 - B^2$
⑤ $(A + B)(A + C) = A^2 + (B + C)A + BC$
⑥ $(A + B)^2 = A^2 + 2AB + B^2$
⑦ $(A + I)^2 = A^2 + 2A + I$

（解答は p. 264）

●**問題 3-2**（分配法則）

任意の 2×2 行列 A, B, C に対して、

$$(A + B)C = AC + BC$$

が成り立つことを証明してください。

（解答は p. 267）

●**問題 3-3**（結合法則）

任意の 2×2 行列 A, B, C に対して、

$$(AB)C = A(BC)$$

が成り立つことを証明してください。

（解答は p. 270）

第4章

星空トランスフォーム

"《星を見る》と《星空を見る》は同じか。"

4.1 リサ

赤い少女。

リサに初めて会った人はそう思うのではないだろうか。髪の色も、いつも持ち歩いているコンピュータも、同じように真っ赤だからだ。

リサの後ろ姿を見ながら、僕はそんなことを思っていた。

リサはプログラミングが得意なコンピュータ少女だ。音もなくキーボードを叩き、複雑な計算をこなす。彼女はミルカさんの親戚筋にあたるらしい。

リサ、ミルカさん、テトラちゃん、そして僕はいま、図書室から視聴覚室へ向かっているところ。リサと並んで前を歩いているミルカさんは、さかんにリサに話しかけている。それに対してリサは、無言で頷いたり首を振ったりして答えている。

視聴覚室に着くとすぐ、リサはコンピュータをプロジェクタにつなぐ。すると、教室の前にある大きなスクリーンに x 軸、y 軸、そして原点 O が表示された。**座標平面**だ。

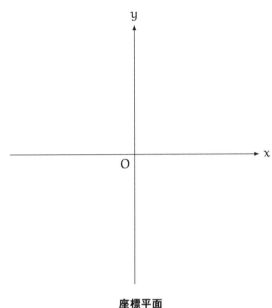

座標平面

テトラ「それで……いまから何が始まるんでしょうか」

ミルカ「リサに線型変換のデモンストレーションをしてもらう」

リサ「ミルカ氏が解説」

リサはハスキーな声で短く言う。

ミルカ「まずは、座標平面上に点を打つことにしよう。テトラが点の座標を言う」

テトラ「ど、どこでもいいんですか？ それでは、$(2, 1)$ にお願いします。先手、テトラ、点 $(2, 1)$ です」

僕「先手って……囲碁や将棋じゃないんだから」

リサ「点 $(2, 1)$ 表示」

リサがキーを叩くと、座標平面上に点が映し出される。

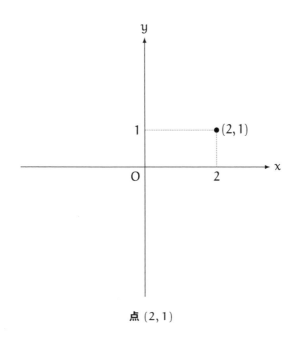

点 $(2, 1)$

僕「x 座標が 2 で、y 座標が 1 の点。

$$(x, y) = (2, 1)$$

確かに点 $(2, 1)$ だね」

ミルカ「x 座標と y 座標が決まれば、座標平面上の点が一つ決まる。だから、vector(ヴェクタ)を使って——縦(たて)ベクトルを使って、

$$\begin{pmatrix} x \\ y \end{pmatrix} = \begin{pmatrix} 2 \\ 1 \end{pmatrix}$$

と表してもかまわない。点 $(2,1)$ を縦ベクトル $\begin{pmatrix} 2 \\ 1 \end{pmatrix}$ で表そう」

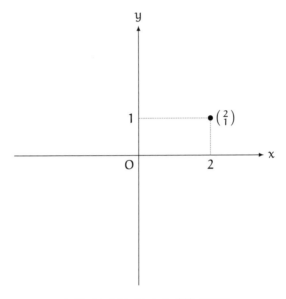

点 $(2,1)$ を縦ベクトル $\begin{pmatrix} 2 \\ 1 \end{pmatrix}$ で表す

僕「$\begin{pmatrix} 2 \\ 1 \end{pmatrix}$ はこの点の位置ベクトルだね」

ミルカ「点の位置を表しているという意味では位置ベクトルだ。成分を縦に並べている縦ベクトルともいえるし、行列から列を切り出した列ベクトルともいえるし、2×1 行列といってもいい」

僕「そうだね」

ミルカ「テトラは点を決めた。君は行列を決める」

僕「僕？ じゃ、たとえば $\begin{pmatrix} 2 & 0 \\ 0 & 2 \end{pmatrix}$ にしようかな」

ミルカ「行列 $\begin{pmatrix} 2 & 0 \\ 0 & 2 \end{pmatrix}$ と縦ベクトル $\begin{pmatrix} 2 \\ 1 \end{pmatrix}$ の積は $\begin{pmatrix} 4 \\ 2 \end{pmatrix}$ に等しい」

$$\begin{pmatrix} 2 & 0 \\ 0 & 2 \end{pmatrix} \begin{pmatrix} 2 \\ 1 \end{pmatrix} = \begin{pmatrix} 4 \\ 2 \end{pmatrix}$$

テトラ「ミルカさん、ちょっとお待ちください。えっと、確認なんですが、行列と縦ベクトルの積は、行列の積と同じような成分の計算で求められるんですよね」

ミルカ「もちろん」

僕「《掛けて、掛けて、足す》だね」

行列 $\begin{pmatrix} 2 & 0 \\ 0 & 2 \end{pmatrix}$ と縦ベクトル $\begin{pmatrix} 2 \\ 1 \end{pmatrix}$ の積は $\begin{pmatrix} 4 \\ 2 \end{pmatrix}$ に等しい

$$\begin{pmatrix} 2 & 0 \\ 0 & 2 \end{pmatrix} \begin{pmatrix} 2 \\ 1 \end{pmatrix} = \begin{pmatrix} 2 \times 2 + 0 \times 1 \\ 0 \times 2 + 2 \times 1 \end{pmatrix}$$
$$= \begin{pmatrix} 4 + 0 \\ 0 + 2 \end{pmatrix}$$
$$= \begin{pmatrix} 4 \\ 2 \end{pmatrix}$$

ミルカ「行列と縦ベクトルの積は縦ベクトルになる。2×2 行列と 2×1 行列の積が 2×1 行列になっているともいえる」

行列と縦ベクトルの積

$$\underbrace{\begin{pmatrix} a & b \\ c & d \end{pmatrix}}_{\text{行列}} \underbrace{\begin{pmatrix} x \\ y \end{pmatrix}}_{\text{縦ベクトル}} = \underbrace{\begin{pmatrix} ax + by \\ cx + dy \end{pmatrix}}_{\text{縦ベクトル}}$$

ミルカ「行列 $\begin{pmatrix} 2 & 0 \\ 0 & 2 \end{pmatrix}$ と縦ベクトル $\begin{pmatrix} 2 \\ 1 \end{pmatrix}$ の積で縦ベクトル $\begin{pmatrix} 4 \\ 2 \end{pmatrix}$ を得た。この縦ベクトル $\begin{pmatrix} 4 \\ 2 \end{pmatrix}$ は座標平面上の点 $(4, 2)$ と見なせる。縦ベクトルと点とを同一視しよう。リサ?」

リサ「点 $\begin{pmatrix} 2 \\ 1 \end{pmatrix}$ と点 $\begin{pmatrix} 4 \\ 2 \end{pmatrix}$ 表示」

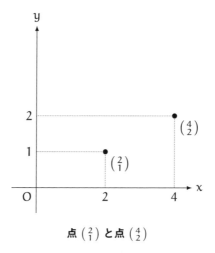

点 $\begin{pmatrix} 2 \\ 1 \end{pmatrix}$ と点 $\begin{pmatrix} 4 \\ 2 \end{pmatrix}$

ミルカ「このとき、**行列** $\begin{pmatrix} 2 & 0 \\ 0 & 2 \end{pmatrix}$ **は、点** $\begin{pmatrix} 2 \\ 1 \end{pmatrix}$ **を点** $\begin{pmatrix} 4 \\ 2 \end{pmatrix}$ **に移す**と考えることにしよう」

テトラ「移す……？」

リサ「矢印表示」

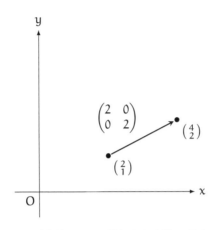

行列 $\begin{pmatrix} 2 & 0 \\ 0 & 2 \end{pmatrix}$ は、点 $\begin{pmatrix} 2 \\ 1 \end{pmatrix}$ を点 $\begin{pmatrix} 4 \\ 2 \end{pmatrix}$ に移す

$$\begin{pmatrix} 2 & 0 \\ 0 & 2 \end{pmatrix} \begin{pmatrix} 2 \\ 1 \end{pmatrix} = \begin{pmatrix} 4 \\ 2 \end{pmatrix}$$

テトラ「なるほど、移していますね」

ミルカ「点を移すといってもいいし、点を動かすといってもいい」

僕「行列が変われば、点 $\begin{pmatrix} 2 \\ 1 \end{pmatrix}$ は別の点に移されるよね。たとえば、$\begin{pmatrix} 0 & 1 \\ 1 & 0 \end{pmatrix}$ という別の行列は点 $\begin{pmatrix} 2 \\ 1 \end{pmatrix}$ を $\begin{pmatrix} 1 \\ 2 \end{pmatrix}$ に移すし」

リサ「行列 $\begin{pmatrix} 0 & 1 \\ 1 & 0 \end{pmatrix}$ 表示」

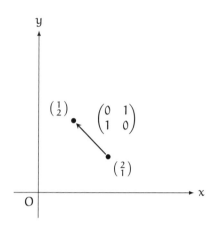

行列 $\begin{pmatrix} 0 & 1 \\ 1 & 0 \end{pmatrix}$ は、点 $\begin{pmatrix} 2 \\ 1 \end{pmatrix}$ を点 $\begin{pmatrix} 1 \\ 2 \end{pmatrix}$ に移す

$$\begin{pmatrix} 0 & 1 \\ 1 & 0 \end{pmatrix} \begin{pmatrix} 2 \\ 1 \end{pmatrix} = \begin{pmatrix} 1 \\ 2 \end{pmatrix}$$

テトラ「はい、何とかわかります。点は x 座標と y 座標で決まりますから $\begin{pmatrix} x \\ y \end{pmatrix}$ を点だと考えます。行列 $\begin{pmatrix} a & b \\ c & d \end{pmatrix}$ と $\begin{pmatrix} x \\ y \end{pmatrix}$ の積を考えると、点 $\begin{pmatrix} ax+by \\ cx+dy \end{pmatrix}$ が得られますから、点の動きを考えることができる……でも、x や y の値が変化したら、点が動くというのは当たり前——ですよね？」

ミルカ「点だけではなく、行列の方に注目する。行列 $\begin{pmatrix} a & b \\ c & d \end{pmatrix}$ は、座標平面から座標平面への**写像**を定めている」

テトラ「写像というのは何でしょうか」

僕「関数のようなものだよ、テトラちゃん」

ミルカ「二つの集合 X と Y とがあって、X のどんな要素に対しても Y の要素が一つ対応するとしよう。そのときの対応のことを X から Y への写像と呼ぶ。そして X を定義域、Y を終域と呼ぶ」

テトラ「ええと、集合……」

ミルカ「いまは座標平面から座標平面への写像を考えているから、それで話す。行列 $\begin{pmatrix} a & b \\ c & d \end{pmatrix}$ が与えられているとしよう。座標平面のどんな点 $\begin{pmatrix} x \\ y \end{pmatrix}$ に対しても座標平面の点 $\begin{pmatrix} a & b \\ c & d \end{pmatrix}\begin{pmatrix} x \\ y \end{pmatrix}$ すなわち $\begin{pmatrix} ax+by \\ cx+dy \end{pmatrix}$ が一つ対応する。すなわち行列 $\begin{pmatrix} a & b \\ c & d \end{pmatrix}$ は座標平面から座標平面への写像を一つ定めているといえる。この場合、定義域も終域も座標平面となる」

僕「なるほど」

テトラ「……」

ミルカ「定義域と終域が一致している写像を特に**変換**と呼ぶことがある。行列 $\begin{pmatrix} a & b \\ c & d \end{pmatrix}$ は座標平面に対する変換を定めているといえる」

僕「そうか。変換はその集合自体を書き換えるイメージなのかな」

テトラ「変換……」

ミルカ「言い方はさまざまだ。行列は点を移す。行列は点を動かす。行列は点や図形や座標平面を変換する。移動を意識するなら、点を移すと表記したいが、写像を意識するなら、点を写すと表記したくなるな」

テトラ「わかりました」

ミルカ「さっきは一点だけを移した。もっとたくさんの点を移してみよう。リサ?」

リサ「表示」

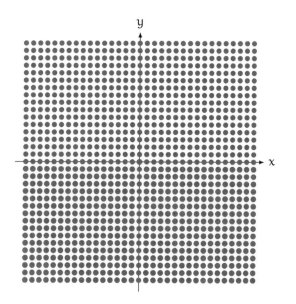

テトラ「きゃああっ!……っと、失礼しました」

僕「たくさん出たなあ」

ミルカ「ふむ。$-1 \leqq x \leqq 1$ と $-1 \leqq y \leqq 1$ の範囲に絞ろう」

リサ「正方形?」

ミルカ「そう、正方形の領域。座標は 0.2 刻みにしよう。それから象限ごとに点の形を変えて」

リサ「象限?」

ミルカ「x 座標と y 座標の正負の組み合わせは 4 通りあり、それぞれを象限と呼ぶ。象限が区別できるように点の形を変える。それに、軸上にある点も区別しよう」

リサ「要求過多」

ミルカ「しかし応えるリサ」

リサ「表示」

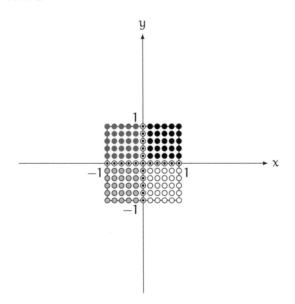

僕「これは、一辺の長さが 2 の正方形だね」

ミルカ「この点をすべて、行列 $\begin{pmatrix} 2 & 0 \\ 0 & 2 \end{pmatrix}$ で移そう」

テトラ「点をすべて……」

リサ「表示」

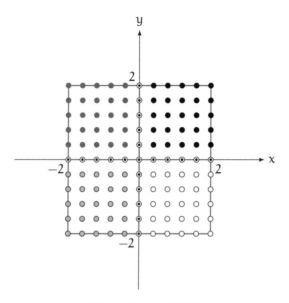

行列 $\begin{pmatrix} 2 & 0 \\ 0 & 2 \end{pmatrix}$ による変換後

ミルカ「変換の前と後でどうなったかがわかりにくいな」

リサ「矢印表示」

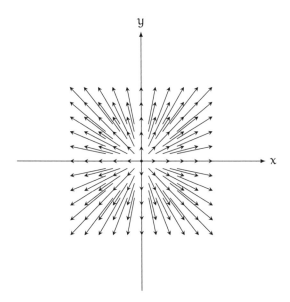

行列 $\begin{pmatrix} 2 & 0 \\ 0 & 2 \end{pmatrix}$ による変換の前後

テトラ「なるほどです！ 行列 $\begin{pmatrix} 2 & 0 \\ 0 & 2 \end{pmatrix}$ を使うと、点がわあっと広がっていくんですねっ！」

僕「点が広がる様子は、一般の点 $\begin{pmatrix} x \\ y \end{pmatrix}$ がどこに移動するかを見ればわかりやすいんじゃない？」

> 行列 $\begin{pmatrix} 2 & 0 \\ 0 & 2 \end{pmatrix}$ は点 $\begin{pmatrix} x \\ y \end{pmatrix}$ をどこに移すか
> $$\begin{pmatrix} 2 & 0 \\ 0 & 2 \end{pmatrix}\begin{pmatrix} x \\ y \end{pmatrix} = \begin{pmatrix} 2 \times x + 0 \times y \\ 0 \times x + 2 \times y \end{pmatrix}$$
> $$= \begin{pmatrix} 2x \\ 2y \end{pmatrix}$$

テトラ「$\begin{pmatrix} 2 \\ 1 \end{pmatrix}$ のような具体的な点だけではなく、文字を使って点 $\begin{pmatrix} x \\ y \end{pmatrix}$ を考えるということですね」

ミルカ「こう書くのもいい」

$$\begin{pmatrix} x \\ y \end{pmatrix} \xmapsto{\begin{pmatrix} 2 & 0 \\ 0 & 2 \end{pmatrix}} \begin{pmatrix} 2x \\ 2y \end{pmatrix}$$

テトラ「わかりました。x 座標も y 座標も、どちらも 2 倍になっているから、あのようにわあっと広がったわけですね」

ミルカ「2 倍になっても、原点だけは動かない」

テトラ「あっ、そうですね。原点 $\begin{pmatrix} 0 \\ 0 \end{pmatrix}$ は、

$$\begin{pmatrix} 2 & 0 \\ 0 & 2 \end{pmatrix}\begin{pmatrix} 0 \\ 0 \end{pmatrix} = \begin{pmatrix} 0 \\ 0 \end{pmatrix}$$

なので原点に移されますから」

僕「行列 $\begin{pmatrix} 2 & 0 \\ 0 & 2 \end{pmatrix}$ を 2I だと考えるとおもしろいよ。I を単位行列 $\begin{pmatrix} 1 & 0 \\ 0 & 1 \end{pmatrix}$ とすると、

$$2I = 2\begin{pmatrix} 1 & 0 \\ 0 & 1 \end{pmatrix} = \begin{pmatrix} 2 & 0 \\ 0 & 2 \end{pmatrix}$$

だからね」

テトラ「ははあ、これもまた《たとえ話》です。《行列の世界》の $\begin{pmatrix} 2 & 0 \\ 0 & 2 \end{pmatrix}$ は、《数の世界》の 2 にそっくりなんですね」

僕「$\begin{pmatrix} 2x \\ 2y \end{pmatrix}$ を $2\begin{pmatrix} x \\ y \end{pmatrix}$ と書くと、座標が 2 倍になることがはっきりするね。行列 $2I$ は $\begin{pmatrix} x \\ y \end{pmatrix}$ を $2\begin{pmatrix} x \\ y \end{pmatrix}$ に変換する。比例を拡張したみたいだ」

テトラ「行列 $2I$ で広がるということは、

$$\frac{1}{2}I = \frac{1}{2}\begin{pmatrix} 1 & 0 \\ 0 & 1 \end{pmatrix} = \begin{pmatrix} \frac{1}{2} & 0 \\ 0 & \frac{1}{2} \end{pmatrix}$$

を使えば、きゅっと縮むんでしょうか」

リサ「$\frac{1}{2}I$ で変換」

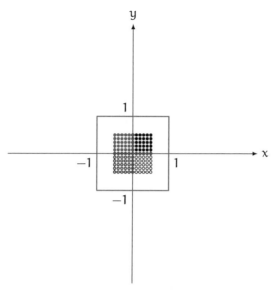

行列 $\frac{1}{2}I = \begin{pmatrix} \frac{1}{2} & 0 \\ 0 & \frac{1}{2} \end{pmatrix}$ による変換

テトラ「ありがとうございます。リサちゃん!」

リサ「《ちゃん》は不要」

テトラ「は、はい。$2I$ なら広がって、$\frac{1}{2}I$ なら縮みましたね。そして単位行列 I ならばそのままですね、きっと」

リサ「単位行列 I で変換」

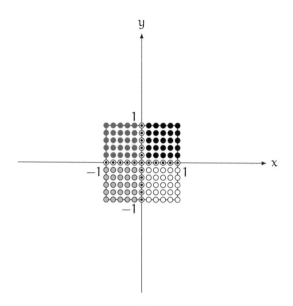

単位行列 $I = \begin{pmatrix} 1 & 0 \\ 0 & 1 \end{pmatrix}$ による変換

テトラ「たとえば、a という文字を使って、$aI = \begin{pmatrix} a & 0 \\ 0 & a \end{pmatrix}$ という形をした行列を作れば、ちょうど a 倍だけ広がることになるんですね」

僕「そうだね。aI は原点を中心にして拡大する変換になるよ。$a > 1$ なら広がる。$a = 1$ ならそのまま。$0 < a < 1$ なら縮む。$a = 0$ なら——」

テトラ「ああ、$a = 0$ なら、$aI = \begin{pmatrix} 0 & 0 \\ 0 & 0 \end{pmatrix}$ ですから、すべての点が $\begin{pmatrix} 0 \\ 0 \end{pmatrix}$ に移ります!」

僕「零行列 O で変換すると原点につぶれてしまうんだ」

リサ「零行列 O で変換」

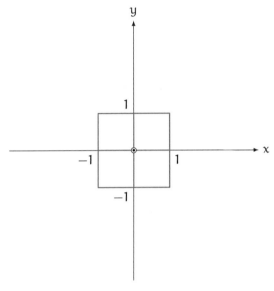

零行列 $O = \begin{pmatrix} 0 & 0 \\ 0 & 0 \end{pmatrix}$ による変換

$$\begin{pmatrix} x \\ y \end{pmatrix} \xmapsto{\begin{pmatrix} 0 & 0 \\ 0 & 0 \end{pmatrix}} \begin{pmatrix} 0 \\ 0 \end{pmatrix}$$

4.2 行列 $\begin{pmatrix} 3 & 0 \\ 0 & 2 \end{pmatrix}$

ミルカ「別の行列も試そう。行列 $\begin{pmatrix} 3 & 0 \\ 0 & 2 \end{pmatrix}$ はどんな変換になるか」

テトラ「計算します!」

$$\begin{pmatrix} 3 & 0 \\ 0 & 2 \end{pmatrix} \begin{pmatrix} x \\ y \end{pmatrix} = \begin{pmatrix} 3 \times x + 0 \times y \\ 0 \times x + 2 \times y \end{pmatrix}$$
$$= \begin{pmatrix} 3x \\ 2y \end{pmatrix}$$

テトラ「x 座標は 3 倍で、y 座標は 2 倍になりますね……」

リサ「表示開始」

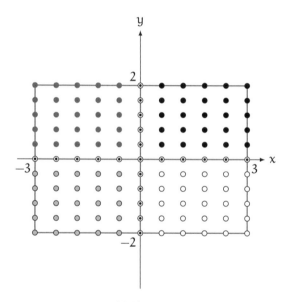

行列 $\begin{pmatrix} 3 & 0 \\ 0 & 2 \end{pmatrix}$ による変換

$$\begin{pmatrix} x \\ y \end{pmatrix} \xmapsto{\begin{pmatrix} 3 & 0 \\ 0 & 2 \end{pmatrix}} \begin{pmatrix} 3x \\ 2y \end{pmatrix}$$

僕「行列では、横方向と縦方向で別々に拡大できるんだね。これ

は座標平面ならではという感じがするなあ。数の比例だとこうはならないから」

4.3 行列 $\begin{pmatrix} 2 & 1 \\ 1 & 3 \end{pmatrix}$

ミルカ「行列 $\begin{pmatrix} 2 & 1 \\ 1 & 3 \end{pmatrix}$ を試そう。どんな形が現れるか」

問題 4-1 (行列 $\begin{pmatrix} 2 & 1 \\ 1 & 3 \end{pmatrix}$ による変換)
行列 $\begin{pmatrix} 2 & 1 \\ 1 & 3 \end{pmatrix}$ で以下の点を変換すると、どんな形が現れるか。

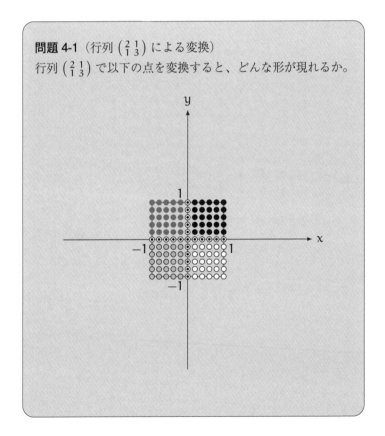

テトラ「$\begin{pmatrix} 2 & 1 \\ 1 & 3 \end{pmatrix}$ は $\begin{pmatrix} a & 0 \\ 0 & a \end{pmatrix}$ のパターンじゃないですから難しいですね。一般の点 $\begin{pmatrix} x \\ y \end{pmatrix}$ がどこに移るかはわかりますけれど……」

$$\begin{pmatrix} x \\ y \end{pmatrix} \xmapsto{\begin{pmatrix} 2 & 1 \\ 1 & 3 \end{pmatrix}} \begin{pmatrix} 2x + 1y \\ 1x + 3y \end{pmatrix}$$

僕「ええと、平行四辺形かな……」

リサ「表示開始」

解答 4-1(行列 $\begin{pmatrix} 2 & 1 \\ 1 & 3 \end{pmatrix}$ による変換)

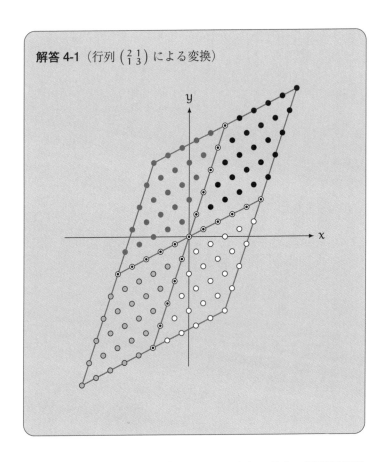

テトラ「へええ！ こんな形になるんですね。確かに平行四辺形です！ でも、どうしてすぐにわかったんですか？」

僕「行列の**列**に注目すればわかるんだよ、テトラちゃん」

テトラ「と……いいますと？」

僕「行列 $\begin{pmatrix} 2 & 1 \\ 1 & 3 \end{pmatrix}$ の列に注目すると、$\begin{pmatrix} 2 \\ 1 \end{pmatrix}$ と $\begin{pmatrix} 1 \\ 3 \end{pmatrix}$ という二つの縦ベクトルが見える。列ベクトルといってもいいけどね。そうすると、この正方形がどういう形に変換されるかわかるんだよ」

テトラ「なぜでしょう」

僕「だって、ほら、行列と縦ベクトルの積、$\begin{pmatrix} 2 & 1 \\ 1 & 3 \end{pmatrix}\begin{pmatrix} 1 \\ 0 \end{pmatrix}$ と $\begin{pmatrix} 2 & 1 \\ 1 & 3 \end{pmatrix}\begin{pmatrix} 0 \\ 1 \end{pmatrix}$ を考えてみればわかるよ。$\begin{pmatrix} 1 \\ 0 \end{pmatrix}$ を移した点が $\begin{pmatrix} 2 \\ 1 \end{pmatrix}$ で、$\begin{pmatrix} 0 \\ 1 \end{pmatrix}$ を移した点が $\begin{pmatrix} 1 \\ 3 \end{pmatrix}$ だよね」

$$\begin{pmatrix} 2 & 1 \\ 1 & 3 \end{pmatrix}\begin{pmatrix} 1 \\ 0 \end{pmatrix} = \begin{pmatrix} 2\times 1 + 1\times 0 \\ 1\times 1 + 3\times 0 \end{pmatrix} = \begin{pmatrix} 2 \\ 1 \end{pmatrix}$$

$$\begin{pmatrix} 2 & 1 \\ 1 & 3 \end{pmatrix}\begin{pmatrix} 0 \\ 1 \end{pmatrix} = \begin{pmatrix} 2\times 0 + 1\times 1 \\ 1\times 0 + 3\times 1 \end{pmatrix} = \begin{pmatrix} 1 \\ 3 \end{pmatrix}$$

テトラ「ははあ……確かに」

僕「つまり、二つの点 $\begin{pmatrix} 1 \\ 0 \end{pmatrix}$ と $\begin{pmatrix} 0 \\ 1 \end{pmatrix}$ がそれぞれどこに移るか……それが行列の列にはそのまま書かれていることになるんだ」

テトラ「行列の**列**に注目する……でもそれは、正方形が平行四辺形に変換されることと、どのように関係するんですか」

僕「うん。点 $\begin{pmatrix} x \\ y \end{pmatrix}$ は、

$$\begin{pmatrix} x \\ y \end{pmatrix} = \begin{pmatrix} x \\ 0 \end{pmatrix} + \begin{pmatrix} 0 \\ y \end{pmatrix}$$
$$= x\begin{pmatrix} 1 \\ 0 \end{pmatrix} + y\begin{pmatrix} 0 \\ 1 \end{pmatrix}$$

のように書けるから、$\binom{1}{0}$ と $\binom{0}{1}$ がどこに移されるか、それが大切なんだよ。ねえ、リサちゃん。$\binom{1}{0}, \binom{0}{1}$ と $\binom{2}{1}, \binom{1}{3}$ を表示できる？」

リサ「《ちゃん》は不要」

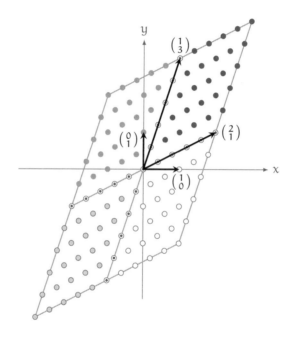

テトラ「これは……どういう？」

僕「行列 $\binom{2\ 1}{1\ 3}$ を使うと、x 軸上の点 $\binom{1}{0}$ が $\binom{2}{1}$ に移って、y 軸上の点 $\binom{0}{1}$ が $\binom{1}{3}$ に移るよね。まずその二点の移動を考えると、変換全体がよくわかるんだ。変換前と変換後がいっしょに表示されていると見にくいかなあ」

リサ「変換の前後、分離して表示」

リサは軽く咳をして、コンピュータのキーを叩く。

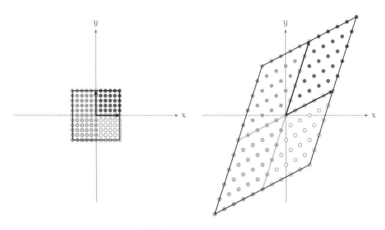

行列 $\begin{pmatrix} 2 & 1 \\ 1 & 3 \end{pmatrix}$ による変換の前後

テトラ「なるほどです！ 行列 $\begin{pmatrix} 2 & 1 \\ 1 & 3 \end{pmatrix}$ で正方形がどう変換されたか、よくわかりますね」

僕「そうだね」

テトラ「この行列 $\begin{pmatrix} 2 & 1 \\ 1 & 3 \end{pmatrix}$ による変換と、さっきの行列 $\begin{pmatrix} a & 0 \\ 0 & a \end{pmatrix}$ による変換とはずいぶん違います」

僕「うん、パターンが違うって感じるなあ」

テトラ「行列 $\begin{pmatrix} a & 0 \\ 0 & a \end{pmatrix}$ では、a の値に応じて、単純に大きくなったり小さくなったりするだけでした。でも行列 $\begin{pmatrix} 2 & 1 \\ 1 & 3 \end{pmatrix}$ では、大きくなるだけじゃなくて形がぐにゃっとひしゃげました」

ミルカ「図形の変形だけではなく、全体を移す様子を見よう」

テトラ「全体……といいますと」

ミルカ「座標平面上のすべての点のこと。行列によって座標平面自体が移される様子を考える。リサ、格子の表示」

リサ「格子の表示」

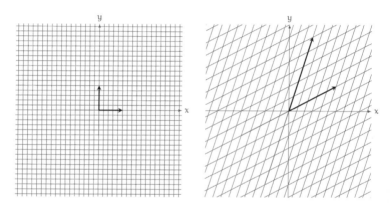

行列 $\begin{pmatrix} 2 & 1 \\ 1 & 3 \end{pmatrix}$ による座標平面の変換

僕「うん、そりゃそうなるね」

急にテトラちゃんが無言になって爪を噛み始めた。

僕「どうしたの?」

テトラ「ミルカさんは以前、《数学的対象》というお話をなさっていました[*]」

---

[*] 『数学ガールの秘密ノート/積分を見つめて』参照。

ミルカ「《数学的対象》と《数学的主張》の話かな」

テトラ「それです！……《数》や《点》だけではなく《座標平面》も《数学的対象》に見えてきました。数学で扱う《もの》です。行列で変換する様子を想像していると、座標平面もまた数学で扱う《もの》だと感じてきたんです。座標平面全体が一つの《もの》のように……」

ミルカ「行列も同じだ。行列は**《変換というもの》**を表している」

テトラ「変換というもの！……すごく抽象的ですね」

リサ「行列は具体的」

テトラ「あたしがいいたかったのは……《数》や《点》や《座標平面》ですと具体的なもののように思えます。それに比べて、《点を移すこと》や《正方形の大きさを変えること》や《正方形をひしゃげさせること》という変換は、具体的なものとは考えにくい——と感じるんです」

僕「でもテトラちゃんは回転行列を具体的なものだと感じてたんじゃない？」

テトラ「そういえばそうですけれど……回転行列は図形を回転するだけで、図形の形や大きさは変えません。数や角度と同じようなものに思えたんです。でも、ひしゃげさせるような変換はあまり《もの》っぽく感じません」

僕「へえ……」

4.4 和との交換

テトラ「ところで、先ほど先輩は、

$$\begin{pmatrix} x \\ y \end{pmatrix} = \begin{pmatrix} x \\ 0 \end{pmatrix} + \begin{pmatrix} 0 \\ y \end{pmatrix}$$
$$= x\begin{pmatrix} 1 \\ 0 \end{pmatrix} + y\begin{pmatrix} 0 \\ 1 \end{pmatrix}$$

とおっしゃっていましたが、あれは何だったのでしょう」

僕「え?

$$\begin{pmatrix} x \\ y \end{pmatrix} = x\begin{pmatrix} 1 \\ 0 \end{pmatrix} + y\begin{pmatrix} 0 \\ 1 \end{pmatrix}$$

が成り立つからこそ、$\begin{pmatrix} 1 \\ 0 \end{pmatrix}$ と $\begin{pmatrix} 0 \\ 1 \end{pmatrix}$ だけを見ればいいんだよね」

テトラ「?」

ミルカ「ねえ、君。行列が作り出す変換が**線型変換**であること、すなわち**《行列による変換の線型性》**について語るべきだよ」

テトラ「線型性……?」

ミルカ「二つのベクトル $\vec{a}$ と $\vec{b}$ の和で表されたベクトル $\vec{a}+\vec{b}$ を行列で変換し、新たなベクトルを得たとしよう。得られたそのベクトルは、$\vec{a}$ と $\vec{b}$ をそれぞれ変換して得た二つのベクトルの和に等しいということ」

テトラ「ちょ、ちょっとお待ちください。二つのベクトルの和を……え?」

ミルカ「テトラは《ベクトルの和》を知っている?」

テトラ「はい。以前、先輩からベクトルを教えていただいたとき、平行四辺形でベクトルの和を考えました*」

僕「そうだね」

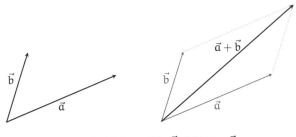

二つのベクトル $\vec{a}$ と $\vec{b}$ の和 $\vec{a} + \vec{b}$

ミルカ「ベクトルの和を行列で変換すると、行列で変換したベクトルの和に等しくなる。すなわち《和の線型変換は、線型変換の和》だ」

僕「こういうことだね」

行列による変換の線型性(成分表示)

$$\begin{pmatrix} a & b \\ c & d \end{pmatrix} \left(\begin{pmatrix} a_1 \\ a_2 \end{pmatrix} + \begin{pmatrix} b_1 \\ b_2 \end{pmatrix} \right) = \begin{pmatrix} a & b \\ c & d \end{pmatrix} \begin{pmatrix} a_1 \\ a_2 \end{pmatrix} + \begin{pmatrix} a & b \\ c & d \end{pmatrix} \begin{pmatrix} b_1 \\ b_2 \end{pmatrix}$$

---

* 『数学ガールの秘密ノート/ベクトルの真実』参照。

ミルカ「もちろんそうだが、

$$\begin{pmatrix} a & b \\ c & d \end{pmatrix} \left(\begin{pmatrix} a_1 \\ a_2 \end{pmatrix} + \begin{pmatrix} b_1 \\ b_2 \end{pmatrix} \right) = \begin{pmatrix} a & b \\ c & d \end{pmatrix} \begin{pmatrix} a_1 \\ a_2 \end{pmatrix} + \begin{pmatrix} a & b \\ c & d \end{pmatrix} \begin{pmatrix} b_1 \\ b_2 \end{pmatrix}$$

$$\vdots \qquad\qquad \vdots \qquad\qquad\qquad \vdots \qquad\qquad\qquad \vdots$$

$$A \qquad (\vec{a}+\vec{b}) \qquad = \qquad A\vec{a} \qquad + \qquad A\vec{b}$$

のように書いた方が見やすい」

行列による変換の線型性

$$A(\vec{a}+\vec{b}) = A\vec{a} + A\vec{b}$$

テトラ「すみませんが……これって、すごいことなんでしょうか」

僕「まあ、当たり前といえば、当たり前だけど」

テトラ「ちがうんです。いえ、ちがわないんですけど。たとえば、

$$A(\vec{a}+\vec{b}) = A\vec{a} + A\vec{b}$$

という式なんですが……」

僕「これは、行列とベクトルの積、それからベクトル同士の和で分配法則が成り立つということだよね。成分を計算すれば証明できるよ」

テトラ「いえ、それはいいんですが、あたしはまだはっきりと理解していない感じがするんです。す、すみません。ものわかりが悪くて」

リサ「理解の追求」

ミルカ「二つのベクトル $\vec{a}$ と $\vec{b}$ を考えて、その和を求める」

テトラ「はい、$\vec{a}+\vec{b}$ ですね」

ミルカ「ベクトル $\vec{a}+\vec{b}$ を行列 A によって変換する。すると $\vec{a}+\vec{b}$ というベクトルはどんなベクトルに移るか」

テトラ「ベクトルの和が、どんなベクトルに移るか……」

僕「行列 A とベクトル $\vec{a}+\vec{b}$ の積を作るんだよね」

ミルカ「そう」

テトラ「ははあ……行列 A とベクトル $\vec{a}+\vec{b}$ の積で、$A(\vec{a}+\vec{b})$ というベクトルに移るということですか」

ミルカ「それでいい。$\vec{a}$ と $\vec{b}$ の和は $\vec{a}+\vec{b}$ となる。そして $\vec{a}+\vec{b}$ は行列 A によって $A(\vec{a}+\vec{b})$ に移る。これが、和を求めてから変換した結果だ」

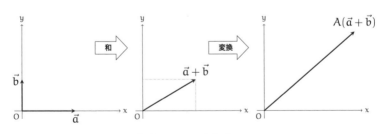

和を求めてから変換する

テトラ「……」

ミルカ「今度は別の話。$\vec{a}$ と $\vec{b}$ は行列 A によってそれぞれ $A\vec{a}$ と $A\vec{b}$ へ移る。変換してから $A\vec{a}$ と $A\vec{b}$ の和を求めると、$A\vec{a} + A\vec{b}$ になることがわかる」

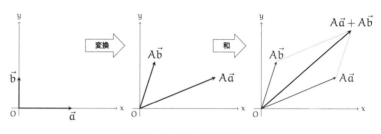

変換してから和を求める

僕「……」

ミルカ「ここで問う。《和を求めてから変換すること》と《変換してから和を求めること》は等しいか」

僕「線型性だね」

テトラ「線型性……」

ミルカ「そうだ。《和の行列による変換は、行列による変換の和》といえる。行列が作り出す変換は線型変換ということだ。《和の線型変換は、線型変換の和》だな」

$$A\underbrace{(\vec{a} + \vec{b})}_{\text{和}} = \underbrace{A\vec{a}}_{\text{変換}} + \underbrace{A\vec{b}}_{\text{変換}}$$

(変換) (和)

テトラ「ははあ……なるほど」

ミルカ「図を四つ並べよう。下に進んでから右に行っても、右に行ってから下に進んでも同じところにたどり着く。これが線型性なのだ」

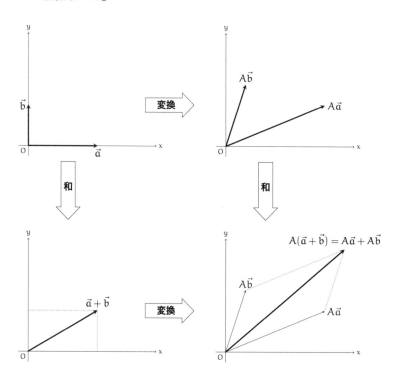

ミルカ「ここに現れているのは、和と行列による変換は**交換**できるという性質ともいえる。交換可能性を表すには、こんな図を描くとわかりやすい」

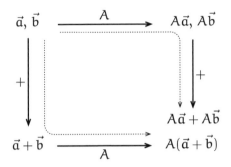

ミルカ「線型性は数学のあちこちに出てくる。キャッチフレーズは《和の〇〇は、〇〇の和》として表現できる。たとえば、微分の線型性は《和の微分は、微分の和》だ*」

---

　* 『数学ガールの秘密ノート/微分を追いかけて』参照。

微分の線型性

《和の微分は、微分の和》

$$(f(x) + g(x))' = f'(x) + g'(x)$$

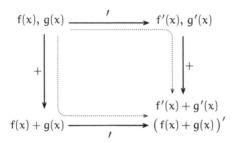

僕「たとえば、積分の線型性は《和の積分は、積分の和》だね*」

積分の線型性

《和の積分は、積分の和》

$$\int_\alpha^\beta \bigl(f(x) + g(x)\bigr)\,dx = \int_\alpha^\beta f(x)\,dx + \int_\alpha^\beta g(x)\,dx$$

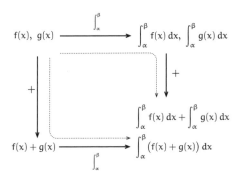

---

* 『数学ガールの秘密ノート／積分を見つめて』参照。

テトラ「た、たとえば、期待値の線型性は《和の期待値は、期待値の和》ですねっ！*」

期待値の線型性

《和の期待値は、期待値の和》

$$E[X + Y] = E[X] + E[Y]$$

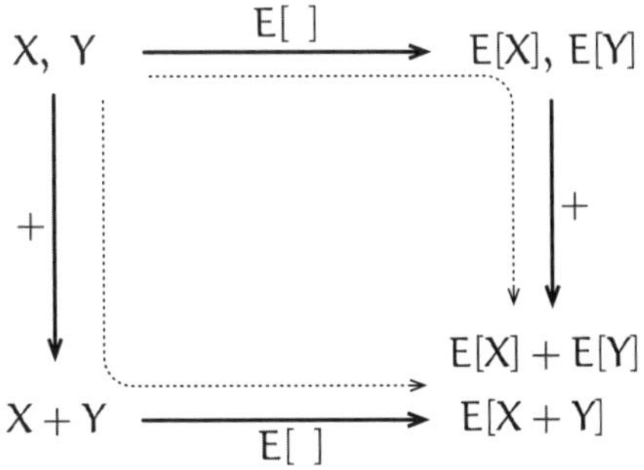

```
X, Y  ──E[ ]──→  E[X], E[Y]

 │                   │
 +                   +
 │                   │
 ↓                   ↓

X + Y ──E[ ]──→  E[X] + E[Y]
                 E[X + Y]
```

---

* 『数学ガールの秘密ノート／やさしい統計』参照。

ミルカ「そして、行列による変換の線型性は《和の行列による変換は、行列による変換の和》」

行列による変換の線型性

《和の行列による変換は、行列による変換の和》

$$A(\vec{a} + \vec{b}) = A\vec{a} + A\vec{b}$$

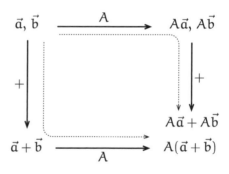

ミルカ「和と微分、和と積分、和と期待値、和と行列による変換。すべて、交換可能性が鍵になる」

リサ「すべて、演算装置の交換」

 リサは、そういって軽く咳をした。

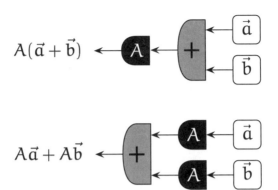

ミルカ「ふむ、なるほど」

4.5 定数倍との交換

僕「ねえ、ミルカさん。線型性といったら、和との交換だけじゃなくて、定数倍との交換もあるよね」

行列による変換の線型性

$$A(a\vec{a} + b\vec{b}) = aA\vec{a} + bA\vec{b}$$

> **微分の線型性**
>
> $$(af(x) + bg(x))' = af'(x) + bg'(x)$$

> **積分の線型性**
>
> $$\int_\alpha^\beta \bigl(af(x) + bg(x)\bigr)\,dx = a\int_\alpha^\beta f(x)\,dx + b\int_\alpha^\beta g(x)\,dx$$

> **期待値の線型性**
>
> $$E\,[aX + bY] = aE\,[X] + bE\,[Y]$$

ミルカ「そこで、さっきの式に戻る。

$$\begin{pmatrix} x \\ y \end{pmatrix} = x\begin{pmatrix} 1 \\ 0 \end{pmatrix} + y\begin{pmatrix} 0 \\ 1 \end{pmatrix}$$

行列による変換の線型性に注目すると、行列 $\begin{pmatrix} a & b \\ c & d \end{pmatrix}$ による点 $\begin{pmatrix} x \\ y \end{pmatrix}$ の変換は次のように考えられる」

$$\begin{pmatrix} a & b \\ c & d \end{pmatrix} \begin{pmatrix} x \\ y \end{pmatrix} = \begin{pmatrix} a & b \\ c & d \end{pmatrix} \left(\begin{pmatrix} x \\ 0 \end{pmatrix} + \begin{pmatrix} 0 \\ y \end{pmatrix} \right)$$

$$= \begin{pmatrix} a & b \\ c & d \end{pmatrix} \left(x \begin{pmatrix} 1 \\ 0 \end{pmatrix} + y \begin{pmatrix} 0 \\ 1 \end{pmatrix} \right)$$

$$= x \begin{pmatrix} a & b \\ c & d \end{pmatrix} \begin{pmatrix} 1 \\ 0 \end{pmatrix} + y \begin{pmatrix} a & b \\ c & d \end{pmatrix} \begin{pmatrix} 0 \\ 1 \end{pmatrix}$$

$$= x \begin{pmatrix} a \\ c \end{pmatrix} + y \begin{pmatrix} b \\ d \end{pmatrix}$$

テトラ「はあ……」

ミルカ「変換前の点は、二つのベクトル $\begin{pmatrix} 1 \\ 0 \end{pmatrix}$ と $\begin{pmatrix} 0 \\ 1 \end{pmatrix}$ の線型結合、

$$\begin{pmatrix} x \\ y \end{pmatrix} = x \begin{pmatrix} 1 \\ 0 \end{pmatrix} + y \begin{pmatrix} 0 \\ 1 \end{pmatrix}$$

で表せる。そして変換後の点は、二つのベクトル $\begin{pmatrix} a \\ c \end{pmatrix}$ と $\begin{pmatrix} b \\ d \end{pmatrix}$ の線型結合、

$$\begin{pmatrix} ax + by \\ cx + dy \end{pmatrix} = x \begin{pmatrix} a \\ c \end{pmatrix} + y \begin{pmatrix} b \\ d \end{pmatrix}$$

で表せる」

テトラ「は、はい……」

ミルカ「変換後の点を表すときに使っている二つのベクトル $\begin{pmatrix} a \\ c \end{pmatrix}$ と $\begin{pmatrix} b \\ d \end{pmatrix}$ は、行列 $\begin{pmatrix} a & b \\ c & d \end{pmatrix}$ の列にそのまま現れている。君がいいたかったのはそういうことだろう？」

僕「そう、そうだよ。それでその二つのベクトル $\begin{pmatrix} a \\ c \end{pmatrix}, \begin{pmatrix} b \\ d \end{pmatrix}$ の線型結合で表されているから、変換前の座標平面に正方形の格

子を描いていると、変換後の座標平面には平行四辺形が現れるんだ」

テトラ「そ、そろそろ頭がいっぱいになってきました。もう少し、線型変換と《お友達》になりたいのですが、なかなか難しいです。《線型変換というもの》もまだ抽象的に感じますし……」

リサ「具体的に考えれば、いいのに」

　赤い少女、リサはそう言って咳払いを一つ。

"《動く星空》と《星空の動き》は同じか。"

付録：写像・変換・線型変換

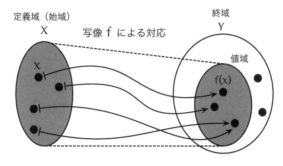

写像のイメージ図

　集合 X のどんな要素に対しても集合 Y の要素がたった一つ対応するとき、その対応を「X から Y への**写像**」といいます。このとき、集合 X をこの写像の**定義域**（**始域**）といい、集合 Y をこの写像の**終域**といいます。

　定義域が X で終域が Y の写像 f のことを、

$$f: X \to Y$$

のように書きます。

　写像 f によって、X の要素 x に対応する Y の要素が y であるとき、$f(x) = y$ と書き「写像 f による x の**値**は y に等しい」といいます。また、$f(x) = y$ のとき、

$$f: x \mapsto y$$

のように書くこともあります（矢印が $\mapsto$ であることに注意）。

写像 f の定義域を X とし、x を X の要素としたとき、f(x) 全体の集合を写像 f の**値域**といいます。すなわち、写像 f の値域は集合 $\{f(x) \mid x\ は定義域\ X\ の要素\}$ です。

線型変換

写像 f の定義域と終域がどちらも集合 V であるとき、すなわち f: V → V のとき、写像 f を V から V への**変換**といいます。

ここで、V を二次元ベクトル全体の集合とします。すなわち、$V = \{\vec{v} \mid \vec{v} = \binom{x}{y},\ x, y\ は実数\}$ とします。V から V への変換 f が、任意の実数 a, b と、V の任意の要素 $\vec{x}, \vec{y}$ に対して、

$$f(a\vec{x} + b\vec{y}) = af(\vec{x}) + bf(\vec{y})$$

を満たすとき、変換 f を V から V への**線型変換**といいます。

線型変換と行列の関係

上で述べた「V から V への線型変換」には、行列はまったく出てきませんでした。ところが、線型変換と行列には次のような関係があります[*]。

① 行列は、V から V への線型変換を表す。
② V から V への線型変換は、行列で表せる。

① 行列は、V から V への線型変換を表す

a, b を二つの実数とし、$\vec{x}, \vec{y}$ を V の要素である二つのベクトルとすると、ベクトル $a\vec{x} + b\vec{y}$ も V の要素になります。

---

[*] ここでは 2 × 2 行列を単に行列と書きます。

ここで、行列 A とベクトル $a\vec{x} + b\vec{y}$ の積を計算すると、

$$A(a\vec{x} + b\vec{y}) = aA\vec{x} + bA\vec{y}$$

が成り立ちます。したがって、「行列とベクトルの積を V から V への写像と見なす」ことにすると、行列 A は V から V への線型変換を表しています。

② V から V への線型変換は、行列で表せる

V から V への線型変換を f とし、f による $\vec{e}_x = \begin{pmatrix} 1 \\ 0 \end{pmatrix}, \vec{e}_y = \begin{pmatrix} 0 \\ 1 \end{pmatrix}$ の値をそれぞれ $\begin{pmatrix} p \\ r \end{pmatrix}, \begin{pmatrix} q \\ s \end{pmatrix}$ とします。すなわち、

$$f(\vec{e}_x) = \begin{pmatrix} p \\ r \end{pmatrix}, \quad f(\vec{e}_y) = \begin{pmatrix} q \\ s \end{pmatrix} \quad \cdots\cdots \heartsuit$$

とします。このとき、$\begin{pmatrix} p \\ r \end{pmatrix}$ と $\begin{pmatrix} q \\ s \end{pmatrix}$ で定まる行列 $\begin{pmatrix} p & q \\ r & s \end{pmatrix}$ は、V から V への線型変換 f を表しています。以下で、そのことを確かめます。

V の任意の要素 $\vec{v}$ は、実数 a, b を使って、

$$\vec{v} = \begin{pmatrix} a \\ b \end{pmatrix} = a\begin{pmatrix} 1 \\ 0 \end{pmatrix} + b\begin{pmatrix} 0 \\ 1 \end{pmatrix}$$

すなわち、

$$\vec{v} = a\vec{e}_x + b\vec{e}_y$$

と表せます。このときの $f(\vec{v})$ を求めます。

$$f(\vec{v}) = f(a\vec{e}_x + b\vec{e}_y) \qquad \vec{v} = a\vec{e}_x + b\vec{e}_y \text{ だから}$$
$$= af(\vec{e}_x) + bf(\vec{e}_y) \qquad f \text{ は線型変換だから}$$
$$= a\begin{pmatrix} p \\ r \end{pmatrix} + b\begin{pmatrix} q \\ s \end{pmatrix} \qquad \heartsuit \text{ から}$$
$$= \begin{pmatrix} ap + bq \\ ar + bs \end{pmatrix} \qquad \text{成分の計算}$$
$$= \begin{pmatrix} p & q \\ r & s \end{pmatrix} \begin{pmatrix} a \\ b \end{pmatrix} \qquad \text{行列とベクトルの積}$$

したがって、

$$f(\vec{v}) = \begin{pmatrix} p & q \\ r & s \end{pmatrix} \begin{pmatrix} a \\ b \end{pmatrix}$$

がいえ、確かに線型変換 f は、行列 $\begin{pmatrix} p & q \\ r & s \end{pmatrix}$ で表されています。

第4章の問題

●**問題 4-1**（平行移動）

座標平面上の点 $\binom{x}{y}$ をすべて右に1だけ平行移動する変換、

$$\binom{x}{y} \mapsto \binom{x+1}{y}$$

を行列の積を使った変換で表すことはできますか。

（解答は p. 273）

●問題 4-2（変換後の点を求める）

①〜⑦の行列は、座標平面上の点 $\begin{pmatrix} 2 \\ 1 \end{pmatrix}$ をどの点に移しますか。

① $\begin{pmatrix} 0 & 0 \\ 0 & 0 \end{pmatrix}$

② $\begin{pmatrix} \frac{1}{2} & 0 \\ 0 & 2 \end{pmatrix}$

③ $\begin{pmatrix} 1 & 1 \\ 0 & 0 \end{pmatrix}$

④ $\begin{pmatrix} 1 & 2 \\ 0 & 1 \end{pmatrix}$

⑤ $\begin{pmatrix} 0 & -1 \\ 1 & 0 \end{pmatrix}$

⑥ $\begin{pmatrix} 0 & 1 \\ -1 & 0 \end{pmatrix}$

⑦ $\begin{pmatrix} \cos\theta & -\sin\theta \\ \sin\theta & \cos\theta \end{pmatrix}$

（解答は p. 274）

●問題 4-3（変換後の図形を求める）

①〜⑦の行列は、座標平面上の次の図形をどんな図形に変換しますか。

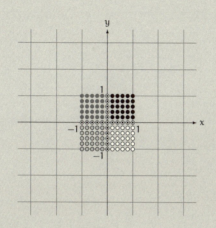

① $\begin{pmatrix} 0 & 0 \\ 0 & 0 \end{pmatrix}$

② $\begin{pmatrix} \frac{1}{2} & 0 \\ 0 & 2 \end{pmatrix}$

③ $\begin{pmatrix} 1 & 1 \\ 0 & 0 \end{pmatrix}$

④ $\begin{pmatrix} 1 & 2 \\ 0 & 1 \end{pmatrix}$

⑤ $\begin{pmatrix} 0 & -1 \\ 1 & 0 \end{pmatrix}$

⑥ $\begin{pmatrix} 0 & 1 \\ -1 & 0 \end{pmatrix}$

⑦ $\begin{pmatrix} \cos\theta & -\sin\theta \\ \sin\theta & \cos\theta \end{pmatrix}$

（解答は p. 276）

●**問題 4-4**(直線の変換)

方程式 $x + 2y = 2$ で表される直線は、行列 $\begin{pmatrix} 2 & 1 \\ 1 & 3 \end{pmatrix}$ でどんな図形に変換されますか。

ヒント:方程式 $x + 2y = 2$ で表される直線はパラメータ t を使って、

$$\begin{pmatrix} x \\ y \end{pmatrix} = \begin{pmatrix} 2 \\ 0 \end{pmatrix} + t \begin{pmatrix} -2 \\ 1 \end{pmatrix}$$

と表されます。

(解答は p. 281)

第 5 章
行列式で決まるもの

"私はあなたの顔を見て、あなたがあなたであることを知る。"

5.1 行列の積

ここは視聴覚室。

リサは、コンピュータを操作してスクリーンに図形を表示する。

ミルカさんは、それを見て線型変換を語る。

テトラちゃんは、それを聞いて質問の手を挙げる。

テトラ「《和の線型変換は、線型変換の和》というお話がありました。そして、線型性は交換可能性と見なすことができる……テトラは混乱してきました」

僕「テトラちゃんは混乱してないよ」

テトラ「で、でも、行列は交換できませんよね？ なのに線型変換は交換できるというのがわからなくて……」

ミルカ「テトラは混乱している。《和の線型変換は、線型変換の和》というのは、和という演算と線型変換とを交換できるという意味」

テトラ「はい。わかります」

ミルカ「行列で交換法則が成り立たないというのは、積ABと積BAが等しいとは限らないという意味」

テトラ「ああ……そうですね。納得しました」

ミルカ「テトラはその納得を言葉で表す」

ミルカさんは、人差し指でテトラちゃんを指さす。

テトラ「は、はい。あたしが混乱している原因がわかりました。線型性での交換というのは、和という演算と線型変換との交換の話です。でも、行列で積の交換法則を考えているときの交換というのは、掛け合わせている二つの行列の交換の話です。あたしは、まったく違う交換の話をごちゃまぜにしていました。《交換》という言葉に反応してしまいましたが、何と何の交換なのかを明確にしなくてはならないのですね」

僕「ちょっと待って。いまの話に**行列の積**が出てきたよね。行列の積の結果も行列になるけど、それはどういう線型変換を表しているんだろう」

ミルカ「行列の積は、**線型変換の合成**を表している」

僕「合成?」

ミルカ「ある点 $\vec{x}$ を A で線型変換すると点 $A\vec{x}$ に移り、さらにその点 $A\vec{x}$ を B で線型変換すると点 $B(A\vec{x})$ に移る」

僕「こういうこと?」

$$\vec{x} \xmapsto{A} A\vec{x} \xmapsto{B} B(A\vec{x})$$

ミルカ「そういうこと。このとき点 $\vec{x}$ は、二つの線型変換 A と B

によって点 $B(A\vec{x})$ へ移されることになる。この線型変換を、A と B という二つの線型変換の**合成**という」

僕「……」

ミルカ「非常におもしろいことに、いまのように A と B の二つを合成した線型変換は、BA という線型変換に等しいのだ。すなわち、点 $B(A\vec{x})$ は、$\vec{x}$ を BA で線型変換した点 $(BA)\vec{x}$ に必ず一致する」

$$\vec{x} \xmapsto{\ \ BA\ \ } (BA)\vec{x}$$

テトラ「BA ……?」

ミルカ「行列の積は、線型変換の合成を表していることになる」

僕「おもしろい!」

テトラ「えっえっ? ええっと?」

ミルカ「行列の積というものは、線型変換の合成を表すよう定義されているともいえる」

僕「成分を《掛けて、掛けて、足す》という計算は、そんな性質を生み出すんだね!」

テトラ「お待ちください、お待ちくださいっ! テトラは取り残されています。何か……例を」

5.2 線型変換の合成

ミルカ「リサ、行列 $A = \begin{pmatrix} 2 & 1 \\ 1 & 3 \end{pmatrix}$ と行列 $B = \begin{pmatrix} 0 & -1 \\ 1 & 0 \end{pmatrix}$ を使って」

リサ「元の図形?」

ミルカ「四点 $\begin{pmatrix} 0 \\ 0 \end{pmatrix}, \begin{pmatrix} 1 \\ 0 \end{pmatrix}, \begin{pmatrix} 1 \\ 1 \end{pmatrix}, \begin{pmatrix} 0 \\ 1 \end{pmatrix}$ を結んだ正方形を」

リサ「A で変換してから B で変換」

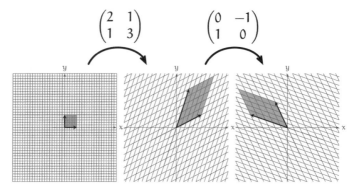

$A = \begin{pmatrix} 2 & 1 \\ 1 & 3 \end{pmatrix}$ で変換し、さらに $B = \begin{pmatrix} 0 & -1 \\ 1 & 0 \end{pmatrix}$ で変換

ミルカ「同じ正方形を BA で変換」

リサ「$BA = \begin{pmatrix} 0 & -1 \\ 1 & 0 \end{pmatrix} \begin{pmatrix} 2 & 1 \\ 1 & 3 \end{pmatrix} = \begin{pmatrix} -1 & -3 \\ 2 & 1 \end{pmatrix}$ で変換」

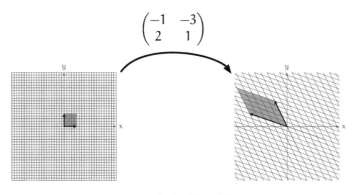

$$BA = \begin{pmatrix} -1 & -3 \\ 2 & 1 \end{pmatrix}$$ で変換

テトラ「なるほど。AとBの二段階で移す変換と、BAの一段階で移す変換が同じということなんですね。だいぶ……わかってきました。座標平面上に点 $\vec{x}$ があって、それを行列 A で移します。行列 A とベクトル $\vec{x}$ の積の計算をすると、$A\vec{x}$ という点に移るのがわかります。その点 $A\vec{x}$ をさらに行列 B で移すと、$B(A\vec{x})$ という点に移ります。そうやって二段階でたどり着いた点 $B(A\vec{x})$ は結果的に、$(BA)\vec{x}$ という点に一致する——と。あたしは最初、$(AB)\vec{x}$ じゃないかと思ったんですが、$(BA)\vec{x}$ ですね」

ミルカ「もちろん、行列の成分を使って確かめることもできる。

$$\vec{x} \xmapsto{A} A\vec{x} \xmapsto{B} B(A\vec{x})$$

と、

$$\vec{x} \xmapsto{BA} (BA)\vec{x}$$

とを比較する」

テトラ「あ、あたし、やってみます！

$$A = \begin{pmatrix} a_{11} & a_{12} \\ a_{21} & a_{22} \end{pmatrix}, \quad B = \begin{pmatrix} b_{11} & b_{12} \\ b_{21} & b_{22} \end{pmatrix}, \quad \vec{x} = \begin{pmatrix} x \\ y \end{pmatrix}$$

として、

$$B(A\vec{x}) \quad と \quad (BA)\vec{x}$$

が等しいことをいえばいいんですね？ すぐ計算します！」

$$\begin{aligned} B(A\vec{x}) &= \begin{pmatrix} b_{11} & b_{12} \\ b_{21} & b_{22} \end{pmatrix} \left(\begin{pmatrix} a_{11} & a_{12} \\ a_{21} & a_{22} \end{pmatrix} \begin{pmatrix} x \\ y \end{pmatrix} \right) \\ &= \begin{pmatrix} b_{11} & b_{12} \\ b_{21} & b_{22} \end{pmatrix} \begin{pmatrix} a_{11}x + a_{12}y \\ a_{21}x + a_{22}y \end{pmatrix} \\ &= \begin{pmatrix} b_{11}(a_{11}x + a_{12}y) + b_{12}(a_{21}x + a_{22}y) \\ b_{21}(a_{11}x + a_{12}y) + b_{22}(a_{21}x + a_{22}y) \end{pmatrix} \\ &= \begin{pmatrix} b_{11}a_{11}x + b_{11}a_{12}y + b_{12}a_{21}x + b_{12}a_{22}y \\ b_{21}a_{11}x + b_{21}a_{12}y + b_{22}a_{21}x + b_{22}a_{22}y \end{pmatrix} \end{aligned}$$

僕「そうだね」

テトラ「これで、

$$B(A\vec{x}) = \begin{pmatrix} b_{11}a_{11}x + b_{11}a_{12}y + b_{12}a_{21}x + b_{12}a_{22}y \\ b_{21}a_{11}x + b_{21}a_{12}y + b_{22}a_{21}x + b_{22}a_{22}y \end{pmatrix}$$

がいえました」

僕「次は積 BA で変換した方だから、

$$\vec{x} \quad \xmapsto{\quad BA \quad} \quad (BA)\vec{x}$$

という計算……」

テトラ「はいはいっ！ BA を先に計算するんですねっ！」

$$(BA)\vec{x} = \left(\begin{pmatrix} b_{11} & b_{12} \\ b_{21} & b_{22} \end{pmatrix}\begin{pmatrix} a_{11} & a_{12} \\ a_{21} & a_{22} \end{pmatrix}\right)\begin{pmatrix} x \\ y \end{pmatrix}$$

$$= \begin{pmatrix} b_{11}a_{11} + b_{12}a_{21} & b_{11}a_{12} + b_{12}a_{22} \\ b_{21}a_{11} + b_{22}a_{21} & b_{21}a_{12} + b_{22}a_{22} \end{pmatrix}\begin{pmatrix} x \\ y \end{pmatrix}$$

$$= \begin{pmatrix} (b_{11}a_{11} + b_{12}a_{21})x + (b_{11}a_{12} + b_{12}a_{22})y \\ (b_{21}a_{11} + b_{22}a_{21})x + (b_{21}a_{12} + b_{22}a_{22})y \end{pmatrix}$$

$$= \begin{pmatrix} b_{11}a_{11}x + b_{12}a_{21}x + b_{11}a_{12}y + b_{12}a_{22}y \\ b_{21}a_{11}x + b_{22}a_{21}x + b_{21}a_{12}y + b_{22}a_{22}y \end{pmatrix}$$

$$= \begin{pmatrix} b_{11}a_{11}x + b_{11}a_{12}y + b_{12}a_{21}x + b_{12}a_{22}y \\ b_{21}a_{11}x + b_{21}a_{12}y + b_{22}a_{21}x + b_{22}a_{22}y \end{pmatrix}$$

テトラ「これで、

$$(BA)\vec{x} = \begin{pmatrix} b_{11}a_{11}x + b_{11}a_{12}y + b_{12}a_{21}x + b_{12}a_{22}y \\ b_{21}a_{11}x + b_{21}a_{12}y + b_{22}a_{21}x + b_{22}a_{22}y \end{pmatrix}$$

がいえました。確かにこれは $B(A\vec{x})$ に等しいです!」

僕「テトラちゃん、計算速いね!」

テトラ「き、恐縮です。あたし、途中で気づいたんです。これって行列の積で**結合法則**をチェックしたときの計算と同じなんですよ*」

ミルカ「$B(A\vec{x}) = (BA)\vec{x}$ を表す、こんな図も楽しい」

---

* 問題 3-3 の解答 (p. 270) 参照。

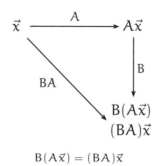

$$B(A\vec{x}) = (BA)\vec{x}$$

僕「行列が線型変換を表す様子を想像すると、行列で積の交換法則が成り立たないのがよくわかるね」

テトラ「といいますと？」

僕「だって、

$$A = \begin{pmatrix} 2 & 1 \\ 1 & 3 \end{pmatrix} \text{で変形してから} B = \begin{pmatrix} 0 & -1 \\ 1 & 0 \end{pmatrix} \text{で回転する}$$

のと、

$$B = \begin{pmatrix} 0 & -1 \\ 1 & 0 \end{pmatrix} \text{で回転してから} A = \begin{pmatrix} 2 & 1 \\ 1 & 3 \end{pmatrix} \text{で変形する}$$

のは明らかに違うよね」

テトラ「明らか……でしょうか」

僕「BA と AB を比べてみようよ」

$$BA = \begin{pmatrix} 0 & -1 \\ 1 & 0 \end{pmatrix} \begin{pmatrix} 2 & 1 \\ 1 & 3 \end{pmatrix} = \begin{pmatrix} -1 & -3 \\ 2 & 1 \end{pmatrix}$$

$$AB = \begin{pmatrix} 2 & 1 \\ 1 & 3 \end{pmatrix} \begin{pmatrix} 0 & -1 \\ 1 & 0 \end{pmatrix} = \begin{pmatrix} 1 & -2 \\ 3 & -1 \end{pmatrix}$$

リサ「比較表示」

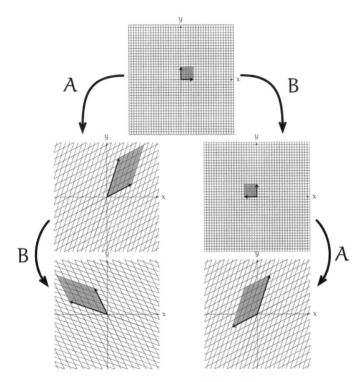

BA と AB による変換の比較

テトラ「左の流れは A の後に B ですから BA で、右の流れは B の後に A ですから AB ということですね」

僕「ぜんぜん違うのがよくわかるなあ。さすがリサ」

リサ「……(咳)」

テトラ「よくわかるんですけど、いったい、何を何で納得しているんでしょうか、あたしは」

ミルカ「何を何で?」

テトラ「はい。線型変換の合成の順序は交換できるとは限らないことはいまの表示で確かめられました。それから、行列の積が交換できるとは限らないことは成分の計算でわかります。けれども……その二つのどちらがどちらの根拠になっているんでしょう」

ミルカ「ふむ。テトラは、三つの《数学的主張》の関係を考えているということだろうか」

① 行列 A が表す線型変換と、行列 B が表す線型変換との合成は、行列 BA が表す線型変換に等しい。
② 行列 AB が表す線型変換と、行列 BA が表す線型変換とは、等しいとは限らない。
③ 行列 AB と、行列 BA とは、等しいとは限らない。

テトラ「これは……?」

ミルカ「①は行列と線型変換の関係で、②は線型変換の性質で、③は行列の性質だ。①が成り立つから、②と③は同じ主張といえる」

テトラ「ははあ……」

ミルカ「テトラが気にしているのは納得感だな。

- ①と②を理解していれば、③は納得できる。
- ①と③を理解していれば、②は納得できる。

どちらの理解が正しいというわけではない。どちらを基準としてどちらを納得するかという話だ」

僕「行列というのは、線型変換をうまく表現しているんだね」

テトラ「……線型変換を合成することが、行列の積に対応しているとすると、なんだか、線型変換がだんだん《もの》のように見えてきました」

ミルカ「ふむ？」

テトラ「線型変換を合成すると新しい線型変換が生まれます。それは、行列の積を計算すると新しい行列が生まれるのに対応していますよね？ それって、数の積を計算すると新しい数が生まれるのと同じじゃありませんか。《変換というもの》をまるで数のように計算しているんですっ！」

ミルカ「行列は、線型変換に表現を与えている」

5.3 逆行列と逆変換

僕「ねえ、ミルカさん。行列の積が変換の合成を表しているとすると、**逆行列**はいわば逆変換を表すことになるね」

ミルカ「《いわば》ではなく《まさに》」

テトラ「ちょっとお待ちください。どうして積の話から逆行列になるんでしょうか」

僕「だって、A の逆行列っていうのは、A に掛けると単位行列になる行列のことだから。積の話が逆行列になるのは不思議

じゃないよ」

$$AA^{-1} = A^{-1}A = I$$

テトラ「ああ……そうですね」

僕「A^{-1} と A の積は $A^{-1}A = I$ で単位行列になるよね。ということは、A の表す線型変換と、A^{-1} の表す線型変換を合成すれば、何もしない変換になるはず。だって単位行列は何も動かさない変換を表しているから」

ミルカ「**恒等変換**。任意の点をそれ自身に移す変換を恒等変換という。単位行列は恒等変換を表していることになる」

テトラ「動かさない変換も、変換なんですね……単位行列、逆行列、いろんなものが変換に繋がってきました」

ミルカ「$A = \begin{pmatrix} a & b \\ c & d \end{pmatrix}$ で $ad - bc \neq 0$ のとき、逆行列 A^{-1} は、

$$A^{-1} = \begin{pmatrix} a & b \\ c & d \end{pmatrix}^{-1} = \frac{1}{ad-bc}\begin{pmatrix} d & -b \\ -c & a \end{pmatrix}$$

で計算できる。だからたとえば、$A = \begin{pmatrix} 2 & 1 \\ 1 & 3 \end{pmatrix}$ のとき、逆行列は、

$$\begin{pmatrix} 2 & 1 \\ 1 & 3 \end{pmatrix}^{-1} = \frac{1}{2 \times 3 - 1 \times 1}\begin{pmatrix} 3 & -1 \\ -1 & 2 \end{pmatrix}$$
$$= \frac{1}{5}\begin{pmatrix} 3 & -1 \\ -1 & 2 \end{pmatrix}$$

となる。リサ?」

リサ「$A^{-1}A$ と AA^{-1} とを表示」

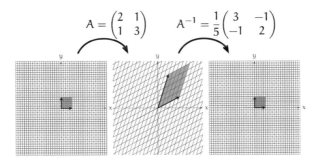

A で変換してから A^{-1} で変換

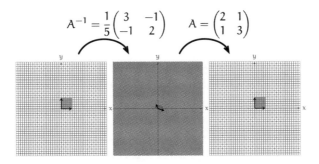

A^{-1} で変換してから A で変換

テトラ「なるほどです。行列が変形したものを、その逆行列はうまい具合に元に戻してしまうんですね。そういえばさっき、リサちゃん——リサは、$\begin{pmatrix} 2 & 0 \\ 0 & 2 \end{pmatrix}$ という行列を使って、ぱあっと広がる様子を矢印で作ってくれましたよね(p.147)」

リサ「$\begin{pmatrix} 2 & 0 \\ 0 & 2 \end{pmatrix}$ を矢印表示」

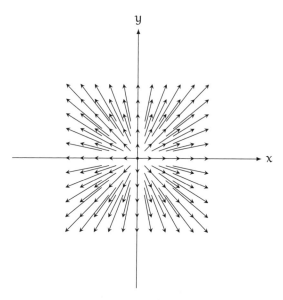

行列 $\begin{pmatrix} 2 & 0 \\ 0 & 2 \end{pmatrix}$ による変換の前後

テトラ「それです。この行列 $\begin{pmatrix} 2 & 0 \\ 0 & 2 \end{pmatrix}$ の逆行列というのは、この矢印を逆転させたもののはずですよね? 元に戻るように」

リサ「$\begin{pmatrix} 2 & 0 \\ 0 & 2 \end{pmatrix}^{-1}$ を矢印表示」

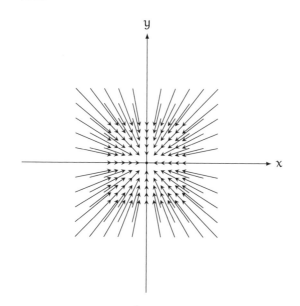

行列 $\begin{pmatrix} 2 & 0 \\ 0 & 2 \end{pmatrix}^{-1}$ による変換の前後

テトラ「それです！ 行列の、

$$\begin{pmatrix} a & b \\ c & d \end{pmatrix}$$

で変換したものを元に戻すには、

$$\frac{1}{ad-bc}\begin{pmatrix} d & -b \\ -c & a \end{pmatrix}$$

で変換すればいいというのはおもしろいですね！ 元に戻すといっても変換を取りやめるんじゃなくて、変換をさらに進め

る。でも結果的には矢印が逆転しているために元に戻る……あれ？ ちょっと変じゃありませんか」

僕「何か変なところがあった？」

テトラ「行列が点を移す矢印はいつでも逆転できます。だって、こっちからあっちに行く矢印はいつでもあっちからこっちに戻る矢印にできますから。ということは、逆変換はいつでも存在します。それなのに、逆行列は存在しないことがありますよね……それはおかしくありませんか」

5.4 逆行列の存在

僕「いや、それはテトラちゃんの勘違い。$ad - bc = 0$ のとき、逆行列は存在しなくて、そのときは逆変換も存在しないよ」

テトラ「$ad - bc = 0$ の行列には、逆行列が存在しない——だったら、$ad - bc = 0$ の行列は、いったいどんな変換を表すんでしょうか！」

僕「じゃあ、リサに描いてもらおうよ。たとえば、$\begin{pmatrix} 2 & 2 \\ 1 & 1 \end{pmatrix}$ は逆行列がないよね。行列 $\begin{pmatrix} 2 & 2 \\ 1 & 1 \end{pmatrix}$ による変換が見たいな」

リサ「表示開始」

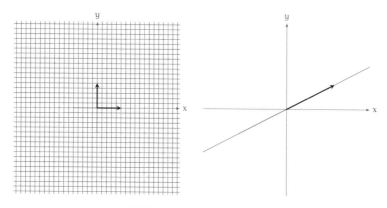

行列 $\begin{pmatrix} 2 & 2 \\ 1 & 1 \end{pmatrix}$ による座標平面の変換

テトラ「うまく表示されていません……矢印が一つですが？」

リサ「正常に表示完了」

僕「さっきのように変換の前後を矢印にした方がいいかも」

リサ「$\begin{pmatrix} 2 & 2 \\ 1 & 1 \end{pmatrix}$ を矢印表示」

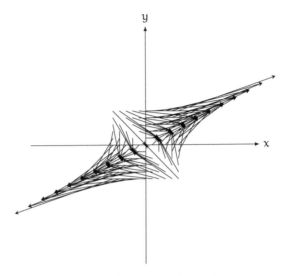

行列 $\begin{pmatrix} 2 & 2 \\ 1 & 1 \end{pmatrix}$ による変換の前後

ミルカ「変換後の点を強調した方がよさそうだな」

リサ「要求過多」

ミルカ「しかし応えるリサ」

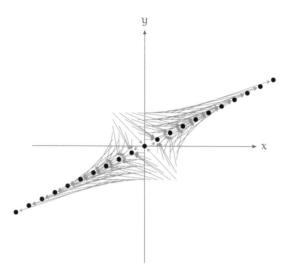

行列 $\binom{2\ 2}{1\ 1}$ による変換の前後(変換後の点を強調)

僕「うん、座標平面全体が一直線につぶれてしまうんだね」

テトラ「なるほどですっ! 確かに、これだと逆変換できません!」

ミルカ「テトラはその理由を言葉で表す」

テトラ「逆変換できない理由……」

ミルカ「なぜ逆変換できない?」

テトラ「元に戻せないから、でしょうか」

ミルカ「なぜ、元に戻せないかという質問なのだが」

テトラ「……」

僕「この場合は、$\binom{1}{0}$ と $\binom{0}{1}$ がどこに移るかを考えて……」

テトラ「行列 $\binom{2\ 2}{1\ 1}$ は $\binom{1}{0}$ を $\binom{2}{1}$ に移します。そして、$\binom{0}{1}$ を……あ、これも $\binom{2}{1}$ に移しますね。

$$\binom{1}{0} \xrightarrow{\binom{2\ 2}{1\ 1}} \binom{2}{1}$$

$$\binom{0}{1} \xrightarrow{\binom{2\ 2}{1\ 1}} \binom{2}{1}$$

なるほど！ 異なる二つの点が一つの点 $\binom{2}{1}$ に移ってしまったら、元に戻せません！ だって、$\binom{2}{1}$ を $\binom{1}{0}$ と $\binom{0}{1}$ のどちらに戻せばいいか、わかりませんから！」

ミルカ「それでいい。行列 $\binom{2\ 2}{1\ 1}$ が表す変換によって点 $\binom{2}{1}$ に移ってくる点は唯一ではない。だから、矢印を逆転しても元に戻すべき点は唯一に決まらない。つまり、逆変換は存在しない」

僕「零行列が表す変換にも逆変換は存在しないね。零行列が表す変換は、座標平面の任意の点を原点という一点に移してしまうから、逆変換は存在しないんだ」

テトラ「ちょ、ちょっと待ってください。整理します！」

《行列の世界》	←-----→	《変換の世界》
零行列	←-----→	原点に移す変換
単位行列	←-----→	恒等変換
行列の積	←-----→	変換の合成
逆行列	←-----→	逆変換
逆行列が存在しない	←-----→	逆変換が存在しない

ミルカ「《逆行列が存在しない》は《行列式が 0》ともいえる」

テトラ「行列式……」

5.5 行列式と逆行列

ミルカ「行列 $\begin{pmatrix} a & b \\ c & d \end{pmatrix}$ は $ad - bc = 0$ のとき、逆行列を持たない。また、$ad - bc \neq 0$ のとき、逆行列を持つ。ここに出てくる $ad - bc$ を行列 $\begin{pmatrix} a & b \\ c & d \end{pmatrix}$ の行列式という」

行列式

行列 $A = \begin{pmatrix} a & b \\ c & d \end{pmatrix}$ に対して、

$$ad - bc$$

を A の**行列式**といい、$|A|$ と書く。また、$\begin{pmatrix} a & b \\ c & d \end{pmatrix}$ の行列式を $\begin{vmatrix} a & b \\ c & d \end{vmatrix}$ と書く。すなわち、

$$\begin{vmatrix} a & b \\ c & d \end{vmatrix} = ad - bc$$

である。

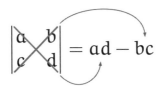

行列式 $ad - bc$ の覚え方

テトラ「行列式は、逆行列が存在するかどうかの判断に使うのですね。0 なら存在しない。0 でないなら存在する……何だか二次方程式の判別式と似ています」

5.6 行列式と面積

僕「行列式は面積も表すよね。面積が 1 の正方形を行列 $\begin{pmatrix} a & b \\ c & d \end{pmatrix}$ で変換したら面積は $ad - bc$ になる」

テトラ「へえ……」

ミルカ「行列式 $ad - bc$ は負になる場合もあるな」

僕「あ、そうだね。絶対値を付けた $|ad - bc|$ が面積だった」

テトラ「確かに、行列式が 0 だと面積 0 になりますね!」

ミルカ「どんな図形でも面積を $|ad - bc|$ 倍するから、面積の拡大率とでもいうべきか」

行列式は面積の拡大率

行列 $\begin{pmatrix} a & b \\ c & d \end{pmatrix}$ で図形を変換すると、面積は $|ad - bc|$ 倍になる。

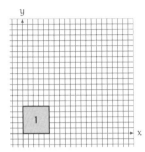
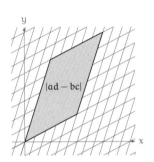

ミルカ「絶対値を付けず、行列式 $ad - bc$ のままで考えるなら、正負は二つのベクトル $\begin{pmatrix} a \\ c \end{pmatrix}, \begin{pmatrix} b \\ d \end{pmatrix}$ が作り出す面の向きを表現しているともいえる。符号付きの面積だ」

僕「符号付きの面積といえば定積分でも出てきたなあ[*]」

5.7 行列式とベクトル

テトラ「行列式が 0 の行列は逆行列を持たないのはわかりました。変換後の図形が面積 0 になるのもわかりました。でも、もうちょっと $ad - bc = 0$ という式について《お友達》になりた

---

[*] 『数学ガールの秘密ノート/積分を見つめて』参照。

いです……」

ミルカ「$ad - bc = 0$ のとき、二つのベクトル $\binom{a}{c}$ と $\binom{b}{d}$ がどうなっているか」

僕「二つのベクトルのどちらかが零ベクトル $\binom{0}{0}$ なら行列式は 0 だね」

ミルカ「$\binom{a}{c} = \binom{0}{0}$ または $\binom{b}{d} = \binom{0}{0}$ のとき、もちろん行列式は 0 だ。だから、$\binom{a}{c} \neq \binom{0}{0}$ かつ $\binom{b}{d} \neq \binom{0}{0}$ として考えよう。行列式が 0 になるのは二つのベクトルがどうなっているときか」

僕「二つのベクトルの向きが同じか、あるいは向きが正反対のときだね!」

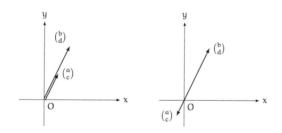

ミルカ「いまは零ベクトルを除いて考えているから、ベクトル $\binom{a}{c}$ を実数倍したものが $\binom{b}{d}$ になるときともいえる」

僕「確かに。ということは、

$$r\binom{a}{c} = \binom{b}{d}$$

という実数 r が存在するときになるから、行列式が 0 になる

行列は、

$$\begin{pmatrix} a & b \\ c & d \end{pmatrix} = \begin{pmatrix} a & ra \\ c & rc \end{pmatrix}$$

という形のとき」

テトラ「ええっと、そのとき行列式は——

$$\begin{aligned} \begin{vmatrix} a & b \\ c & d \end{vmatrix} &= \begin{vmatrix} a & ra \\ c & rc \end{vmatrix} \\ &= a(rc) - (ra)c \\ &= acr - acr \\ &= 0 \end{aligned}$$

——確かに 0 です!」

僕「そうだね」

テトラ「はあ……行列式でいろんなことがわかるんですね」

- 行列式 = 0 のとき、その行列は逆行列を持ちません。また、行列式 ≠ 0 のとき、その行列は逆行列を持ちます。
- 行列式 = 0 のとき、その行列は座標平面全体を直線か原点に変換します。
- 行列式の絶対値は、その行列で移された図形の面積が何倍になるかを表します。
- ベクトル $\begin{pmatrix} a \\ c \end{pmatrix}$ と $\begin{pmatrix} b \\ d \end{pmatrix}$ がどちらも零ベクトルではないとして、行列式 = $ad - bc = 0$ のとき、二つのベクトル $\begin{pmatrix} a \\ c \end{pmatrix}$ と $\begin{pmatrix} b \\ d \end{pmatrix}$ は同じ向きか、逆向きになります。

ミルカ「行列式は "determine" するものだから」

テトラ「"determine"……決定する？ 何を決定するんですか」

ミルカ「行列の性質を決定する。行列が表す変換の性質を決定する。行列式は行列が描くものを "determine" する値の一つだといえる。だからこそ行列式のことを "determinant"(デターミナント) と呼ぶ。行列式は |A| と書くこともあるが、

$$\det A$$

と書くこともある。もちろん、det は "determinant" の略だ」

テトラ「行列式という言葉よりも、"determinant" の方がしっくりきます。行列式というと、何だか行列が出てくる数式のように感じるからです」

リサ「名前重要」

こんなふうにして、僕たちの放課後は楽しく過ぎていった。

5.8 ユーリ

それから何日か過ぎた週末。いつものようにユーリが僕の部屋に遊びに来ている。

僕「……行列について、そんな話をしてたんだよ」

ユーリ「なにそれ！ 信じらんない！ 何でそんな楽しそーなのにユーリ呼んでくんなかったのー？」

僕は、行列と線型変換についての先日の話をユーリに聞かせていた。行列を使って座標平面を変換すること、行列の計算と線型

変換の関係、そして行列式。

僕「呼ぶったって、ユーリは中学校だろ？」

ユーリ「むー……」

僕「リサちゃんの話だと、コンピュータグラフィクスのプログラミングでも行列は使うんだって」

ユーリ「へー！ コンピュータでも数学が出てくるの？」

僕「コンピュータグラフィクスは、とてもたくさんの図形を画面に表示したり、表示した図形を変形させたりするからね。どの場所にどんな図形を描くか、というのは座標平面の上の点の操作に対応している。画面に表示される図形は、たくさんの点の集まり。点の位置を変えれば図形が動くことになる」

ユーリ「そっか……行列って計算の話だと思ってた」

僕「もちろん計算——代数の話もあるけど、リサちゃんが見せてくれたのは幾何の話だね。代数と幾何の繋がり。行列 $\begin{pmatrix} a & b \\ c & d \end{pmatrix}$ の行列式 $ad - bc$ を計算して 0 だったら、図形はつぶれる。そのときは逆行列は存在しないし、逆変換もできない」

ユーリ「ふんふん。$ad - bc$ を計算して判断する」

僕「そうだね。行列式は、ライプニッツが**連立方程式**の解の存在を研究するのに使っていたらしい。うん、そうだ。行列式については、日本の関孝和がライプニッツよりも前に考えていたんだよ」

ユーリ「ちょっと待って。連立方程式？」

僕「行列式が0だと逆行列が存在しないから、連立方程式も解けなくなる——いや、解けなくなるというのはおかしいか。連立方程式の解が唯一じゃなくなる」

ユーリ「連立方程式……?」

僕「行列式が0のとき、連立方程式は《解が唯一に定まらない》ということだね。解が唯一に定まらないというのは、《解が無数に存在する》ことや《解が一つも存在しない》ことがあるという意味だよ」

ユーリ「いやいやいや。行列式って行列の話でしょ? 何で連立方程式が急に出てくんの?」

僕「え? 前に話したことあったような気がするけど……*。でもいいよ。ちゃんと話すから」

5.9 連立方程式

僕「たとえばこんな連立方程式⓪を考えてみよう」

連立方程式⓪

$$\begin{cases} x + y = 5 \\ 2x + 4y = 16 \end{cases}$$

---

* 『数学ガールの秘密ノート/式とグラフ』と『数学ガール/ガロア理論』参照。

ユーリ「これはすぐ解ける！ えっとね。上を4倍して引き算すると $2x$ が $20-16$ で 4 になって、2 で割ると x は 2 で決まり。それに y を足して 5 になるんだから、y は 3 でしょ。$x = 2$ で $y = 3$ が答え！」

僕「ユーリ、計算速いな！」

ユーリ「へへ」

僕「ところで、この連立方程式⓪は行列を使って表すことができる。《掛けて、掛けて、足す》という形になっているからね。x を $1x$ と考えて、y を $1y$ と考えると、**係数**を書き並べたのが行列 $\begin{pmatrix} 1 & 1 \\ 2 & 4 \end{pmatrix}$ になってるわけだ」

連立方程式⓪を行列で表す

$$\begin{cases} x + y = 5 \\ 2x + 4y = 16 \end{cases}$$

$$\downarrow$$

$$\begin{cases} \boxed{1}x + \boxed{1}y = 5 \\ \boxed{2}x + \boxed{4}y = 16 \end{cases}$$

$$\downarrow$$

$$\begin{pmatrix} 1 & 1 \\ 2 & 4 \end{pmatrix} \begin{pmatrix} x \\ y \end{pmatrix} = \begin{pmatrix} 5 \\ 16 \end{pmatrix}$$

ユーリ「ほほー」

僕「行列で表したこの連立方程式⓪は逆行列を使って解ける」

ユーリ「へえ、逆行列？」

僕「そうだよ。$\begin{pmatrix} a & b \\ c & d \end{pmatrix}$ の逆行列は、

$$\begin{pmatrix} a & b \\ c & d \end{pmatrix}^{-1} = \frac{1}{ad - bc} \begin{pmatrix} d & -b \\ -c & a \end{pmatrix}$$

で計算できるから、$\begin{pmatrix} 1 & 1 \\ 2 & 4 \end{pmatrix}$ の逆行列は具体的に、

$$\begin{pmatrix} 1 & 1 \\ 2 & 4 \end{pmatrix}^{-1} = \frac{1}{1 \times 4 - 1 \times 2} \begin{pmatrix} 4 & -1 \\ -2 & 1 \end{pmatrix}$$
$$= \frac{1}{2} \begin{pmatrix} 4 & -1 \\ -2 & 1 \end{pmatrix}$$

となる」

ユーリ「……」

僕「連立方程式⓪を表しているこの式、

$$\begin{pmatrix} 1 & 1 \\ 2 & 4 \end{pmatrix} \begin{pmatrix} x \\ y \end{pmatrix} = \begin{pmatrix} 5 \\ 16 \end{pmatrix}$$

の両辺に、左から $\begin{pmatrix} 1 & 1 \\ 2 & 4 \end{pmatrix}^{-1}$ を掛けるんだ。$\begin{pmatrix} 1 & 1 \\ 2 & 4 \end{pmatrix}^{-1}$ と $\begin{pmatrix} 1 & 1 \\ 2 & 4 \end{pmatrix}$ を掛けると単位行列になるのをうまく使う」

$$\begin{pmatrix} 1 & 1 \\ 2 & 4 \end{pmatrix} \begin{pmatrix} x \\ y \end{pmatrix} = \begin{pmatrix} 5 \\ 16 \end{pmatrix} \qquad \text{連立方程式①}$$

$$\begin{pmatrix} 1 & 1 \\ 2 & 4 \end{pmatrix}^{-1} \begin{pmatrix} 1 & 1 \\ 2 & 4 \end{pmatrix} \begin{pmatrix} x \\ y \end{pmatrix} = \begin{pmatrix} 1 & 1 \\ 2 & 4 \end{pmatrix}^{-1} \begin{pmatrix} 5 \\ 16 \end{pmatrix} \qquad \text{左から逆行列を掛ける}$$

$$\begin{pmatrix} 1 & 0 \\ 0 & 1 \end{pmatrix} \begin{pmatrix} x \\ y \end{pmatrix} = \begin{pmatrix} 1 & 1 \\ 2 & 4 \end{pmatrix}^{-1} \begin{pmatrix} 5 \\ 16 \end{pmatrix} \qquad \text{単位行列になった}$$

$$\begin{pmatrix} x \\ y \end{pmatrix} = \begin{pmatrix} 1 & 1 \\ 2 & 4 \end{pmatrix}^{-1} \begin{pmatrix} 5 \\ 16 \end{pmatrix} \qquad \text{左辺を計算した}$$

$$= \frac{1}{2} \begin{pmatrix} 4 & -1 \\ -2 & 1 \end{pmatrix} \begin{pmatrix} 5 \\ 16 \end{pmatrix} \qquad \text{逆行列を具体的に}$$

$$= \frac{1}{2} \begin{pmatrix} 4 \times 5 - 1 \times 16 \\ -2 \times 5 + 1 \times 16 \end{pmatrix} \qquad \text{積の計算}$$

$$= \frac{1}{2} \begin{pmatrix} 4 \\ 6 \end{pmatrix}$$

$$= \begin{pmatrix} 2 \\ 3 \end{pmatrix}$$

ユーリ「……」

僕「ほら解けただろ？

$$\begin{pmatrix} x \\ y \end{pmatrix} = \begin{pmatrix} 2 \\ 3 \end{pmatrix}$$

が得られた。さっきユーリが連立方程式①を解いたときの $x = 2$ かつ $y = 3$ と同じになったね」

ユーリ「うわー、おにーちゃん、すごーい」

僕「どうして棒読みなんだろう」

ユーリ「逆行列を求めるより、ふつーに解いた方が速いじゃん」

僕「確かに 2×2 行列だったらそうかもね。でも未知数がもっと多い連立方程式だったら、逆行列で解く方が見通しがいいんじゃないかなあ。それに連立方程式を行列で解く様子は、数の方程式を解く様子にそっくりでおもしろいんだ」

《行列の世界》	←----→	《数の世界》
$A\vec{x} = \vec{u}$	←----→	$ax = u$
$A^{-1}A\vec{x} = A^{-1}\vec{u}$	←----→	$a^{-1}ax = a^{-1}u$
$I\vec{x} = A^{-1}\vec{u}$	←----→	$1x = a^{-1}u$
$\vec{x} = A^{-1}\vec{u}$	←----→	$x = a^{-1}u$

ユーリ「ふむふむ」

僕「で、話はここから。ユーリはこの連立方程式は解ける?」

連立方程式①(解が無数に存在する例)

$$\begin{cases} x + 2y = 3 \\ 2x + 4y = 6 \end{cases}$$

ユーリ「あー、知ってるこのパターン。一つ目の式 $x + 2y = 3$ の両辺に 2 を掛けると $2x + 4y = 6$ になるでしょ。それで二つ目の式と同じになっちゃう。うっかり引き算すると $0 = 0$ になるの!」

僕「そうだね。この連立方程式①は式が二つあるように見えるけ

ど、実質的には式が一つしかないわけだ。でね、この連立方程式①を行列で表してみると、その行列式は 0 だとわかる」

連立方程式①を行列で表す

$$\begin{pmatrix} 1 & 2 \\ 2 & 4 \end{pmatrix} \begin{pmatrix} x \\ y \end{pmatrix} = \begin{pmatrix} 3 \\ 6 \end{pmatrix}$$

ユーリ「え？ 行列式は $ad - bc$ だから……

$$\begin{vmatrix} 1 & 2 \\ 2 & 4 \end{vmatrix} = 1 \times 4 - 2 \times 2 = 0$$

……ほんとだね」

僕「この連立方程式①を満たす (x, y) が存在しないわけじゃないよ。$x + 2y = 3$ を満たしさえすればいいんだ。そんな (x, y) は無数にある。たとえば、$(x, y) = (3, 0)$ でもいいし、$(x, y) = (1, 1)$ でもいいし、$(x, y) = (-197, 100)$ でもいい」

ユーリ「最後の、どっから出てきたの？」

僕「$x + 2y = 3$ つまり $x = 3 - 2y$ を満たせばいいから、t を実数として $(x, y) = (3 - 2t, t)$ という組を見つければいいよね。

$$\begin{pmatrix} x \\ y \end{pmatrix} = \begin{pmatrix} 3 - 2t \\ t \end{pmatrix}$$

としておいて、t に好きな実数を入れて得られた (x, y) は、ぜんぶ連立方程式①を満たすことになる。$t = 100$ にすると、$(x, y) = (-197, 100)$ だよ」

ユーリ「なるほどー」

僕「①は、解が無数に存在する連立方程式で、行列で表したときに行列式が 0 になってる」

ユーリ「行列式が 0 になってる……」

僕「連立方程式①は解が無数に存在する例だけど、次の連立方程式②は解が一つも存在しない例」

連立方程式②（解が一つも存在しない例）

$$\begin{cases} x + 2y = 3 \\ 2x + 4y = 8 \end{cases}$$

ユーリ「これ、さっきと似てる……けど違うか。これは解けないよー。だって、一つ目の式で両辺を 2 倍すると、$2x + 4y = 6$ になる。でも、二つ目の式だと $2x + 4y = 8$ だっていってる。**矛盾**してるじゃん！」

僕「そうそう。この両方を満たす (x, y) は存在するはずがない」

連立方程式②を行列で表す

$$\begin{pmatrix} 1 & 2 \\ 2 & 4 \end{pmatrix} \begin{pmatrix} x \\ y \end{pmatrix} = \begin{pmatrix} 3 \\ 8 \end{pmatrix}$$

ユーリ「こっちも行列式は 0 になってる……」

$$\begin{vmatrix} 1 & 2 \\ 2 & 4 \end{vmatrix} = 1 \times 4 - 2 \times 2 = 0$$

僕「そうだね。連立方程式に対してその係数を並べた行列を考える。そうすると、その行列式が 0 かどうかを調べれば、連立方程式の解が唯一に定まるかどうかがわかるんだよ」

ユーリ「行列式が、ゼロ！」

ユーリは何かに驚いたような声を出す。

僕「どうした？」

ユーリ「ねー、お兄ちゃん。**ゼロ**って何？」

僕「なんだよ、いきなり」

ユーリ「もしかして、ゼロみたいな行列の行列式もゼロ？」

僕「え？」

ユーリ「ゼロって三種類あるじゃん？」

僕「何のことだろう」

ユーリ「だからー！ ゼロ！」

僕「ねえ、ユーリ。僕たちはテレパシーを使えるわけじゃないんだから、疑問を言葉で表すようにしなくちゃ」

ユーリ「え、お兄ちゃん、テレパシー使えないの？」

僕「ユーリは使えるの?!」

ユーリ「だって、お兄ちゃんって、ユーリが考えていること、よく当てるもん。まるでテレパシー！って思うときある」

僕「そんな能力あったら苦労しないよ。ほらほら、ユーリが考えていることを教えて？」

ユーリ「あのね……

　　ABはゼロに等しいけど、
　　AとBはどちらもゼロじゃない

って問題あったじゃん？」

僕「ああ、行列の零因子の話だね。$A \neq O$ かつ $B \neq O$ だけど、

$$AB = O$$

になる行列AとBのこと（p.62）」

ユーリ「零因子！ それそれ！」

僕「零因子がどうかした？」

5.10 行列式と零因子

ユーリ「えーとね、行列にはゼロみたいなのが三種類出てきたって思ったの。**零行列**と、**零因子**と、**行列式が0の行列**と」

僕「おおお！」

ユーリ「零行列の行列式って0じゃん？ だから、もしかして、零因子の行列式も0になったりしないかにゃあ……って」

5.10 行列式と零因子

僕「ユーリ！ それはすごくおもしろい問題だよ！」

ユーリ「でもね、たくさん計算すんのめんどくさいし」

僕「いやいや、違うぞ」

ユーリ「だって行列の掛け算を成分で……」

僕「成分計算はいらなそう……うん、いらないぞ！

$$A \neq O \text{ かつ } B \neq O \text{ かつ } AB = O$$

だったら、

$$|A| = 0 \text{ かつ } |B| = 0$$

がいえる。つまり、零因子の行列式は必ず 0 だ！」

ユーリ「何で？」

僕「仮に、$|A| \neq 0$ としよう。A の行列式が 0 じゃないと仮定したんだから、A の逆行列 A^{-1} が存在する」

ユーリ「そだね」

僕「A^{-1} が存在するんだから、$AB = O$ の両辺に左から A^{-1} を掛けることができるよね。つまり……」

$AB = O$	与えられた式
$A^{-1}AB = A^{-1}O$	左から A^{-1} を掛ける
$IB = A^{-1}O$	$A^{-1}A = I$ だから
$B = A^{-1}O$	$IB = B$ だから
$B = O$	$A^{-1}O = O$ だから

ユーリ「あ、そっか！ B が O になっちゃうんだ！」

僕「だから、もしも $|A| \neq 0$ だと仮定するなら B = O になるけど、でも、B ≠ O に矛盾する。ということは $|A| = 0$ でなくちゃいけないんだね。同じように考えて $|B| = 0$ でなくちゃいけない」

ユーリ「なーるほど！」

僕「だから、零因子ならばその行列式は 0 だといえる」

ユーリ「てことは、お兄ちゃん！ A, B の行列式がどっちも 0 じゃないとき、絶対に AB = O にはならないよ！ だって A と B の両方とも零行列じゃないし、零因子でもないから」

僕「そういうことになるね。行列式が 0 じゃない行列同士を掛けて零行列になることは絶対にない」

　数のように計算でき、変換を表し、連立方程式を表す……行列はさまざまなものを表している。

　面積、逆行列の存在、ベクトルの関係、連立方程式の解、零因子……行列式はさまざまなことを教えてくれる。

　行列の世界——おもしろいことはまだまだたくさんありそうだ！

"私はあなたの声を聞き、あなたがあなたであることを知る。"

第5章の問題

●**問題 5-1**(積の逆行列)
2×2 行列 A と B に対して、それぞれの逆行列 A^{-1} と B^{-1} が存在するとき、行列 $B^{-1}A^{-1}$ は行列 AB の逆行列であることを証明してください。

(解答は p. 284)

●**問題 5-2**(回転行列の逆行列)
角度 θ をパラメータに持つ回転行列 R_θ を、

$$R_\theta = \begin{pmatrix} \cos\theta & -\sin\theta \\ \sin\theta & \cos\theta \end{pmatrix}$$

で定義します。このとき、$R_{-\theta}$ が R_θ の逆行列になることを証明してください。また、行列式 $|R_\theta|$ を求めてください。

(解答は p. 285)

●**問題 5-3**（零行列）

A, X は 2×2 行列で、

$$AX = O$$

とします。$|A| \neq 0$ ならば、$X = O$ であることを証明してください。

（解答は p. 286）

●**問題 5-4**（零因子の構成）

A, X は 2×2 行列で、

$$A \neq O \text{ かつ } X \neq O \text{ かつ } AX = O$$

とします。

$$A = \begin{pmatrix} a & b \\ c & d \end{pmatrix} \text{ かつ } |A| = 0$$

として、X の例を一つ見つけてください。

（解答は p. 288）

●問題 5-5（ケイリー・ハミルトンの定理）

2×2 行列 A が、

$$A = \begin{pmatrix} a & b \\ c & d \end{pmatrix}$$

のとき、

$$A^2 - (a+d)A + (ad - bc)I = O$$

が成り立つことを証明してください。
ただし、$I = \begin{pmatrix} 1 & 0 \\ 0 & 1 \end{pmatrix}, O = \begin{pmatrix} 0 & 0 \\ 0 & 0 \end{pmatrix}$ とします。

(解答は p. 290)

●問題 5-6（行列式と面積）

四点 $\begin{pmatrix} 0 \\ 0 \end{pmatrix}, \begin{pmatrix} 1 \\ 0 \end{pmatrix}, \begin{pmatrix} 1 \\ 1 \end{pmatrix}, \begin{pmatrix} 0 \\ 1 \end{pmatrix}$ で囲まれた正方形（面積 1）を行列 $\begin{pmatrix} a & b \\ c & d \end{pmatrix}$ で変換して得られる平行四辺形の面積は、$|ad - bc|$ になることを確かめましょう（ここでは簡単のため面積が 0 になる場合も含めて平行四辺形として考えます）。

(解答は p. 291)

エピローグ

ある日、あるとき。数学資料室にて。

少女「うわあ、いろんなものあるっすね！」

先生「そうだね」

少女「先生、これは何？」

$$X^n = \begin{pmatrix} a & b \\ c & d \end{pmatrix}^n \qquad ad - bc = 1, \quad n = 0, 1, 2, \ldots$$

先生「何だと思う？」

少女「行列です。成分が a, b, c, d で行列式が 1 である行列 X の n 乗」

先生「X^2 を a, b, c, d で表すと？」

少女「計算練習の始まり始まり！」

$$X^2 = \begin{pmatrix} a & b \\ c & d \end{pmatrix} \begin{pmatrix} a & b \\ c & d \end{pmatrix}$$

$$= \begin{pmatrix} aa + bc & ab + bd \\ ca + dc & cb + dd \end{pmatrix}$$

$$= \begin{pmatrix} a^2 + bc & ab + bd \\ ac + cd & bc + d^2 \end{pmatrix}$$

先生「ところでこれは何だと思う？」

$$x_{n+1} = \frac{ax_n + b}{cx_n + d} \qquad ad - bc = 1, \quad n = 0, 1, 2, \ldots$$

少女「数列です。漸化式で表された数列 $x_0, x_1, x_2, \ldots$」

先生「x_2 を x_0 で表すと？」

少女「計算練習の始まり……

$$x_2 = \frac{ax_1 + b}{cx_1 + d}$$

$$= \frac{a\frac{ax_0+b}{cx_0+d} + b}{c\frac{ax_0+b}{cx_0+d} + d}$$

$$= \frac{a(ax_0 + b) + b(cx_0 + d)}{c(ax_0 + b) + d(cx_0 + d)}$$

$$= \frac{a^2x_0 + ab + bcx_0 + bd}{acx_0 + bc + cdx_0 + d^2}$$

$$= \frac{(a^2 + bc)x_0 + (ab + bd)}{(ac + cd)x_0 + (bc + d^2)}$$

……同じですね、先生！」

先生「その同じを言葉で表現する」

少女「対応があります。$n = 1$ のとき、X^n と x_n では a, b, c, d が対応しています。

$$X^1 = \begin{pmatrix} a & b \\ c & d \end{pmatrix} \quad \longleftrightarrow \quad x_1 = \frac{ax_0 + b}{cx_0 + d}$$

でも、対応があるのは $n = 1$ のときだけじゃありません。$n = 2$ のとき、X^n と x_n では $a^2+bc, ab+bd, ac+cd, bc+d^2$ が対応しています。

$$X^2 = \begin{pmatrix} a^2 + bc & ab + bd \\ ac + cd & bc + d^2 \end{pmatrix} \quad \longleftrightarrow \quad x_2 = \frac{(a^2 + bc)x_0 + (ab + bd)}{(ac + cd)x_0 + (bc + d^2)}$$

まるで、X^n と x_n が示し合わせたみたいに！」

先生「こんな対応が作れそうだね」

$$X^n = \begin{pmatrix} a_n & b_n \\ c_n & d_n \end{pmatrix} \quad \longleftrightarrow \quad x_n = \frac{a_n x_0 + b_n}{c_n x_0 + d_n}$$

少女「行列と数列でこんな対応が作れるんですか……」

先生「ところでこれは何だと思う?」

$$f(x) = \frac{ax+b}{cx+d} \qquad ad - bc = 1$$

少女「関数です。a, b, c, d で作られた分数関数……もしかして?」

先生「もしかするかな」

少女「関数 $f(x)$ を 2 乗して……いえ、違います。積ではなくて合成です!」

先生「よく気がついたね」

少女「計算練習の始まり始まり!

$$f(f(x)) = \frac{af(x) + b}{cf(x) + d}$$

$$= \frac{a\frac{ax+b}{cx+d} + b}{c\frac{ax+b}{cx+d} + d}$$

$$= \frac{a(ax + b) + b(cx + d)}{c(ax + b) + d(cx + d)}$$

$$= \frac{a^2x + ab + bcx + bd}{acx + bc + cdx + d^2}$$

$$= \frac{(a^2 + bc)x + (ab + bd)}{(ac + cd)x + (bc + d^2)}$$

……同じです！ 先生！」

先生「関数 $f(x)$ を n 個、合成した関数 $f^n(x)$ は、

$$f^n(x) = \underbrace{f(f(f(\cdots f(x) \cdots)))}_{n\ 個} = \frac{a_n x + b_n}{c_n x + d_n}$$

のように a_n, b_n, c_n, d_n で表せるかな」

少女「a_n, b_n, c_n, d_n とは何でしょう」

先生「《何か》の n 番目を表す情報だね。行列で《何か》をうまく表せたら、行列の n 乗で《何か》の n 番目を表せることになる。

$$\begin{pmatrix} a_n & b_n \\ c_n & d_n \end{pmatrix} = \begin{pmatrix} a & b \\ c & d \end{pmatrix}^n$$

数列の第 n 項を求めるのであれ、合成した関数 $f^n(x)$ を求めるのであれ、《何か》の n 番目を求める場面があったら、《何か》を行列で表せないかを考える」

少女「でも行列の n 乗の計算はそれはそれで大変っすよ、先生」

先生「だから、n 乗が計算しやすい行列を見つける価値がある。代表的な行列は、

$$\begin{pmatrix} \alpha & 0 \\ 0 & \beta \end{pmatrix}^n = \begin{pmatrix} \alpha^n & 0 \\ 0 & \beta^n \end{pmatrix}$$

だね。また、

$$\begin{pmatrix} 1 & \gamma \\ 0 & 1 \end{pmatrix}^n = \begin{pmatrix} 1 & n\gamma \\ 0 & 1 \end{pmatrix}$$

も楽しい。その他に、n 乗を n − 1 乗に変換する方法も便利だ。何のことかわかるかな？」

少女「ケイリー・ハミルトンの定理！」

$$\begin{pmatrix} a & b \\ c & d \end{pmatrix}^2 = (a+d)\begin{pmatrix} a & b \\ c & d \end{pmatrix} - (ad-bc)\begin{pmatrix} 1 & 0 \\ 0 & 1 \end{pmatrix}$$

先生「そういうこと。X^0 は単位行列で、

$$X^0 = \begin{pmatrix} a & b \\ c & d \end{pmatrix}^0 = \begin{pmatrix} 1 & 0 \\ 0 & 1 \end{pmatrix}$$

だから、こう書くのもおもしろい。

$$\begin{pmatrix} a & b \\ c & d \end{pmatrix}^2 = (a+d)\begin{pmatrix} a & b \\ c & d \end{pmatrix}^1 - (ad-bc)\begin{pmatrix} a & b \\ c & d \end{pmatrix}^0$$

そうすれば、$n+2, n+1, n$ の関係が見えてくる……

$$\begin{pmatrix} a & b \\ c & d \end{pmatrix}^{n+2} = (a+d)\begin{pmatrix} a & b \\ c & d \end{pmatrix}^{n+1} - (ad-bc)\begin{pmatrix} a & b \\ c & d \end{pmatrix}^n$$

……だろ？」

少女「先生、X^0 が単位行列なら、

$$\begin{pmatrix} a_0 & b_0 \\ c_0 & d_0 \end{pmatrix} = \begin{pmatrix} 1 & 0 \\ 0 & 1 \end{pmatrix}$$

ですから、0 個の分数関数 $f(x)$ を合成した関数 $f^0(x)$ は x ですね！」

$$\begin{aligned} f^0(x) &= \frac{a_0 x + b_0}{c_0 x + d_0} \\ &= \frac{1x + 0}{0x + 1} \\ &= x \end{aligned}$$

先生「なるほど」

少女「そして、分数関数 $f(x)$ の逆関数 $f^{-1}(x)$ は、$ad - bc = 1$ を使って、

$$\begin{pmatrix} a & b \\ c & d \end{pmatrix}^{-1} = \frac{1}{ad - bc} \begin{pmatrix} d & -b \\ -c & a \end{pmatrix} = \begin{pmatrix} d & -b \\ -c & a \end{pmatrix}$$

になるので、

$$f^{-1}(x) = \frac{dx - b}{-cx + a}$$

だとわかります！ 検算もできますよ……

$$f^{-1}(f(x)) = \frac{df(x) - b}{-cf(x) + a}$$

$$= \frac{d\frac{ax+b}{cx+d} - b}{-c\frac{ax+b}{cx+d} + a}$$

$$= \frac{d(ax + b) - b(cx + d)}{-c(ax + b) + a(cx + d)}$$

$$= \frac{adx + bd - bcx - bd}{-acx - bc + acx + ad}$$

$$= \frac{(ad - bc)x + (bd - bd)}{(ac - ac)x + (ad - bc)}$$

$$= \frac{1x + 0}{0x + 1}$$

$$= x$$

$$= f^0(x)$$

……ね？」

少女はそう言って「くふふっ」と笑った。

【解答】
ANSWERS

第1章の解答

●**問題 1-1**（表と行列）
生徒 1 と 2 が、試験 A の科目 1 と 2 を受けたところ、表のような点数になりました。

A	科目1	科目2
生徒1	62	85
生徒2	95	60

この表を 2×2 行列で表すことにします。

$$\begin{pmatrix} a_{11} & a_{12} \\ a_{21} & a_{22} \end{pmatrix} = \begin{pmatrix} 62 & 85 \\ 95 & 60 \end{pmatrix}$$

① この行列の成分 a_{jk} は何を表していますか。
② 生徒 1 と 2 が、試験 B の科目 1 と 2 を受けたときの点数を、行列 $\begin{pmatrix} b_{11} & b_{12} \\ b_{21} & b_{22} \end{pmatrix}$ で表します。二つの行列の和、

$$\begin{pmatrix} a_{11} & a_{12} \\ a_{21} & a_{22} \end{pmatrix} + \begin{pmatrix} b_{11} & b_{12} \\ b_{21} & b_{22} \end{pmatrix}$$

は何を表していますか。
③ 3 人の生徒が 5 科目の試験 C を受けた表を同じように作るなら、どのような行列になりますか。

■解答 1-1

① この行列の成分 a_{jk} は「試験 A で、生徒 j が科目 k で取った点数」を表しています。

② 行列の和は、

$$\begin{pmatrix} a_{11} & a_{12} \\ a_{21} & a_{22} \end{pmatrix} + \begin{pmatrix} b_{11} & b_{12} \\ b_{21} & b_{22} \end{pmatrix} = \begin{pmatrix} a_{11}+b_{11} & a_{12}+b_{12} \\ a_{21}+b_{21} & a_{22}+b_{22} \end{pmatrix}$$

となり、2 つの試験の合計点を表す行列になります。この行列の成分 $a_{jk}+b_{jk}$ は「試験 A と試験 B で、生徒 j が科目 k で取った点数の合計点」です。

③ 3 人の生徒が 5 科目の試験 C を受けた表を同じように作るなら、3×5 行列になります。

C	科目 1	科目 2	科目 3	科目 4	科目 5
生徒 1	c_{11}	c_{12}	c_{13}	c_{14}	c_{15}
生徒 2	c_{21}	c_{22}	c_{23}	c_{24}	c_{25}
生徒 3	c_{31}	c_{32}	c_{33}	c_{34}	c_{35}

$$\begin{pmatrix} c_{11} & c_{12} & c_{13} & c_{14} & c_{15} \\ c_{21} & c_{22} & c_{23} & c_{24} & c_{25} \\ c_{31} & c_{32} & c_{33} & c_{34} & c_{35} \end{pmatrix}$$

●**問題 1-2**（行列の相等）

①〜④のうち、行列 $\begin{pmatrix} 1 & 2 \\ 3 & 4 \end{pmatrix}$ に等しいものはどれですか。

① $\begin{pmatrix} 1 & 2 \\ 3 & 4 \end{pmatrix}$

② $\begin{pmatrix} 1 & 1+1 \\ 2+1 & 3+1 \end{pmatrix}$

③ $\begin{pmatrix} 1 & 3 \\ 2 & 4 \end{pmatrix} - \begin{pmatrix} 0 & 1 \\ -1 & 0 \end{pmatrix}$

④ $\begin{pmatrix} 1 & 2 \\ 0 & 4 \end{pmatrix}$

■**解答 1-2**

行列 $\begin{pmatrix} 1 & 2 \\ 3 & 4 \end{pmatrix}$ を A と呼ぶことにします。①〜④の成分が、行列 A の対応する成分に等しいかどうかをそれぞれ確かめます。

① 行列 A の対応する成分に等しいかどうかを確かめます。

$$\begin{matrix} ① & & A \\ \begin{pmatrix} 1 & 2 \\ 3 & 4 \end{pmatrix} & & \begin{pmatrix} 1 & 2 \\ 3 & 4 \end{pmatrix} \end{matrix}$$

すべての成分が行列 A の対応する成分と等しいので、①は行列 A に等しくなります。

② 成分を計算します。

$$\begin{pmatrix} 1 & 1+1 \\ 2+1 & 3+1 \end{pmatrix} = \begin{pmatrix} 1 & 2 \\ 3 & 4 \end{pmatrix}$$

行列 A の対応する成分に等しいかどうかを確かめます。

$$\overset{②}{\begin{pmatrix} 1 & 2 \\ 3 & 4 \end{pmatrix}} \quad \overset{A}{\begin{pmatrix} 1 & 2 \\ 3 & 4 \end{pmatrix}}$$

すべての成分が行列 A の対応する成分に等しいので、②は行列 A に等しくなります。

③ 行列の差を計算します。

$$\begin{pmatrix} 1 & 3 \\ 2 & 4 \end{pmatrix} - \begin{pmatrix} 0 & 1 \\ -1 & 0 \end{pmatrix} = \begin{pmatrix} 1-0 & 3-1 \\ 2-(-1) & 4-0 \end{pmatrix} \quad \text{行列の差}$$

$$= \begin{pmatrix} 1 & 2 \\ 3 & 4 \end{pmatrix} \quad \text{成分の計算}$$

行列 A の対応する成分に等しいかどうかを確かめます。

$$\overset{③}{\begin{pmatrix} 1 & 2 \\ 3 & 4 \end{pmatrix}} \quad \overset{A}{\begin{pmatrix} 1 & 2 \\ 3 & 4 \end{pmatrix}}$$

すべての成分が行列 A の対応する成分に等しいので、③は行列 A に等しくなります。

④ 行列 A の対応する成分に等しいかどうかを確かめます。

$$\overset{④}{\begin{pmatrix} 1 & 2 \\ 0 & 4 \end{pmatrix}} \quad \overset{A}{\begin{pmatrix} 1 & 2 \\ 3 & 4 \end{pmatrix}}$$

2 行 1 列目にある成分同士が等しくありません。対応する成

分のうち等しくないものがあるので、④は行列 A に等しくありません。

答　行列 $\begin{pmatrix} 1 & 2 \\ 3 & 4 \end{pmatrix}$ に等しいものは①と②と③です。

●問題 1-3（行列の和）
①〜⑤をそれぞれ計算してください。

① $\begin{pmatrix} 1 & 2 \\ 3 & 4 \end{pmatrix} + \begin{pmatrix} 0 & 0 \\ 0 & 0 \end{pmatrix}$

② $\begin{pmatrix} 0 & 0 \\ 0 & 0 \end{pmatrix} + \begin{pmatrix} 1 & 2 \\ 3 & 4 \end{pmatrix}$

③ $\begin{pmatrix} 1 & 2 \\ 3 & 4 \end{pmatrix} + \begin{pmatrix} 1 & 2 \\ 3 & 4 \end{pmatrix}$

④ $\begin{pmatrix} 2 & -7 \\ 1 & -8 \end{pmatrix} + \begin{pmatrix} -2 & 7 \\ -1 & 8 \end{pmatrix}$

⑤ $\begin{pmatrix} 1 & 0 \\ 0 & 1 \end{pmatrix} + \begin{pmatrix} 1 & 0 \\ 0 & 1 \end{pmatrix} + \begin{pmatrix} 1 & 0 \\ 0 & 1 \end{pmatrix} + \begin{pmatrix} 1 & 0 \\ 0 & 1 \end{pmatrix} + \begin{pmatrix} 1 & 0 \\ 0 & 1 \end{pmatrix}$

■解答 1-3
対応する成分同士の和を求めることになります。

①

$$\begin{pmatrix} 1 & 2 \\ 3 & 4 \end{pmatrix} + \begin{pmatrix} 0 & 0 \\ 0 & 0 \end{pmatrix} = \begin{pmatrix} 1+0 & 2+0 \\ 3+0 & 4+0 \end{pmatrix}$$

$$= \begin{pmatrix} 1 & 2 \\ 3 & 4 \end{pmatrix}$$

②

$$\begin{pmatrix} 0 & 0 \\ 0 & 0 \end{pmatrix} + \begin{pmatrix} 1 & 2 \\ 3 & 4 \end{pmatrix} = \begin{pmatrix} 0+1 & 0+2 \\ 0+3 & 0+4 \end{pmatrix}$$

$$= \begin{pmatrix} 1 & 2 \\ 3 & 4 \end{pmatrix}$$

③

$$\begin{pmatrix} 1 & 2 \\ 3 & 4 \end{pmatrix} + \begin{pmatrix} 1 & 2 \\ 3 & 4 \end{pmatrix} = \begin{pmatrix} 1+1 & 2+2 \\ 3+3 & 4+4 \end{pmatrix}$$

$$= \begin{pmatrix} 2 & 4 \\ 6 & 8 \end{pmatrix}$$

④

$$\begin{pmatrix} 2 & -7 \\ 1 & -8 \end{pmatrix} + \begin{pmatrix} -2 & 7 \\ -1 & 8 \end{pmatrix} = \begin{pmatrix} 2+(-2) & -7+7 \\ 1+(-1) & -8+8 \end{pmatrix}$$

$$= \begin{pmatrix} 2-2 & -7+7 \\ 1-1 & -8+8 \end{pmatrix}$$

$$= \begin{pmatrix} 0 & 0 \\ 0 & 0 \end{pmatrix}$$

⑤ 対応する成分を順番に加えていきます。

$$\begin{pmatrix} 1 & 0 \\ 0 & 1 \end{pmatrix} + \begin{pmatrix} 1 & 0 \\ 0 & 1 \end{pmatrix} + \begin{pmatrix} 1 & 0 \\ 0 & 1 \end{pmatrix} + \begin{pmatrix} 1 & 0 \\ 0 & 1 \end{pmatrix} + \begin{pmatrix} 1 & 0 \\ 0 & 1 \end{pmatrix}$$

$$= \begin{pmatrix} 1+1 & 0+0 \\ 0+0 & 1+1 \end{pmatrix} + \begin{pmatrix} 1 & 0 \\ 0 & 1 \end{pmatrix} + \begin{pmatrix} 1 & 0 \\ 0 & 1 \end{pmatrix} + \begin{pmatrix} 1 & 0 \\ 0 & 1 \end{pmatrix}$$

$$= \begin{pmatrix} 1+1+1 & 0+0+0 \\ 0+0+0 & 1+1+1 \end{pmatrix} + \begin{pmatrix} 1 & 0 \\ 0 & 1 \end{pmatrix} + \begin{pmatrix} 1 & 0 \\ 0 & 1 \end{pmatrix}$$

$$= \begin{pmatrix} 1+1+1+1 & 0+0+0+0 \\ 0+0+0+0 & 1+1+1+1 \end{pmatrix} + \begin{pmatrix} 1 & 0 \\ 0 & 1 \end{pmatrix}$$

$$= \begin{pmatrix} 1+1+1+1+1 & 0+0+0+0+0 \\ 0+0+0+0+0 & 1+1+1+1+1 \end{pmatrix}$$

$$= \begin{pmatrix} 5 & 0 \\ 0 & 5 \end{pmatrix}$$

補足

① $\begin{pmatrix} 1 & 2 \\ 3 & 4 \end{pmatrix}$ に零行列 $\begin{pmatrix} 0 & 0 \\ 0 & 0 \end{pmatrix}$ を加えても、$\begin{pmatrix} 1 & 2 \\ 3 & 4 \end{pmatrix}$ のままです。

$$\begin{pmatrix} 1 & 2 \\ 3 & 4 \end{pmatrix} + \begin{pmatrix} 0 & 0 \\ 0 & 0 \end{pmatrix} = \begin{pmatrix} 1 & 2 \\ 3 & 4 \end{pmatrix}$$

② 零行列 $\begin{pmatrix} 0 & 0 \\ 0 & 0 \end{pmatrix}$ に $\begin{pmatrix} 1 & 2 \\ 3 & 4 \end{pmatrix}$ を加えても、$\begin{pmatrix} 1 & 2 \\ 3 & 4 \end{pmatrix}$ のままです。

$$\begin{pmatrix} 0 & 0 \\ 0 & 0 \end{pmatrix} + \begin{pmatrix} 1 & 2 \\ 3 & 4 \end{pmatrix} = \begin{pmatrix} 1 & 2 \\ 3 & 4 \end{pmatrix}$$

③ 等しい行列を2個加えると、成分をそれぞれ2倍した行列に等しくなります。

$$\begin{pmatrix} 1 & 2 \\ 3 & 4 \end{pmatrix} + \begin{pmatrix} 1 & 2 \\ 3 & 4 \end{pmatrix} = \begin{pmatrix} 2 & 4 \\ 6 & 8 \end{pmatrix}$$

④ 対応する成分の符号が反転している行列同士を加えると、零行列に等しくなります。

$$\begin{pmatrix} 2 & -7 \\ 1 & -8 \end{pmatrix} + \begin{pmatrix} -2 & 7 \\ -1 & 8 \end{pmatrix} = \begin{pmatrix} 0 & 0 \\ 0 & 0 \end{pmatrix}$$

⑤ 等しい行列を5個加えると、成分をそれぞれ5倍した行列に等しくなります。

$$\begin{pmatrix} 1 & 0 \\ 0 & 1 \end{pmatrix} + \begin{pmatrix} 1 & 0 \\ 0 & 1 \end{pmatrix} + \begin{pmatrix} 1 & 0 \\ 0 & 1 \end{pmatrix} + \begin{pmatrix} 1 & 0 \\ 0 & 1 \end{pmatrix} + \begin{pmatrix} 1 & 0 \\ 0 & 1 \end{pmatrix} = \begin{pmatrix} 5 & 0 \\ 0 & 5 \end{pmatrix}$$

●**問題 1-4**（行列を求める）

次の式を満たす四つの数 a, b, c, d を求めてください。

$$\begin{pmatrix} a & b \\ c & d \end{pmatrix} + \begin{pmatrix} 1 & 2 \\ 3 & 4 \end{pmatrix} = \begin{pmatrix} 0 & 0 \\ 0 & 0 \end{pmatrix}$$

■**解答 1-4**

与えられた式の左辺にある行列の和を計算すると、

$$\begin{pmatrix} a+1 & b+2 \\ c+3 & d+4 \end{pmatrix} = \begin{pmatrix} 0 & 0 \\ 0 & 0 \end{pmatrix}$$

が成り立ちます。対応する成分が等しいことから、

$$a+1 = 0 \text{ かつ } b+2 = 0 \text{ かつ } c+3 = 0 \text{ かつ } d+4 = 0$$

がいえます。したがって、

$$a = -1 \text{ かつ } b = -2 \text{ かつ } c = -3 \text{ かつ } d = -4$$

が得られました。

答 $a = -1, \ b = -2, \ c = -3, \ d = -4$

別解

与えられた式の両辺から行列 $\begin{pmatrix} 1 & 2 \\ 3 & 4 \end{pmatrix}$ を引くと、

$$\begin{pmatrix} a & b \\ c & d \end{pmatrix} + \begin{pmatrix} 1 & 2 \\ 3 & 4 \end{pmatrix} - \begin{pmatrix} 1 & 2 \\ 3 & 4 \end{pmatrix} = \begin{pmatrix} 0 & 0 \\ 0 & 0 \end{pmatrix} - \begin{pmatrix} 1 & 2 \\ 3 & 4 \end{pmatrix}$$

が成り立ちます。これを計算すると、

$$\begin{pmatrix} a+1-1 & b+2-2 \\ c+3-3 & d+4-4 \end{pmatrix} = \begin{pmatrix} 0-1 & 0-2 \\ 0-3 & 0-4 \end{pmatrix}$$

となります。成分を計算して、

$$\begin{pmatrix} a & b \\ c & d \end{pmatrix} = \begin{pmatrix} -1 & -2 \\ -3 & -4 \end{pmatrix}$$

がいえます。対応する成分が等しいことから、

$$a = -1 \text{ かつ } b = -2 \text{ かつ } c = -3 \text{ かつ } d = -4$$

が得られました。

答 $a = -1, \ b = -2, \ c = -3, \ d = -4$

補足

コンマ（,）はさまざまな意味で使われるので十分に注意が必要です。解答 1-4 のコンマは「かつ」の意味で使われています。二次方程式の解が $x = 2$ または $x = 3$ のときに $x = 2, x = 3$ のように表す場合がありますが、そのときのコンマは「または」の意味で使われています。意味が紛らわしいときには「かつ」や「または」を使った方がいいでしょう。

●**問題 1-5**（行列の和を表すプラス）

次の式で、行列の和を表すプラス（+）はどれですか。すべて見つけてください。

$$\begin{pmatrix} 1 & 2 \\ 3 & 4 \end{pmatrix} + \begin{pmatrix} +1 & 1+1 \\ 2+1 & 3+1 \end{pmatrix} = \begin{pmatrix} 0+1 & 1+2 \\ 2+3 & 3+4 \end{pmatrix} + \begin{pmatrix} 1 & 1 \\ 1 & 1 \end{pmatrix}$$

■解答 1-5

行列の和を表すプラスは黒の背景で示した2個です。

$$\begin{pmatrix} 1 & 2 \\ 3 & 4 \end{pmatrix} \blacksquare \begin{pmatrix} +1 & 1+1 \\ 2+1 & 3+1 \end{pmatrix} = \begin{pmatrix} 0+1 & 1+2 \\ 2+3 & 3+4 \end{pmatrix} \blacksquare \begin{pmatrix} 1 & 1 \\ 1 & 1 \end{pmatrix}$$

●**問題 1-6**（等しくない行列）

行列 $\begin{pmatrix} a & b \\ c & d \end{pmatrix}$ と行列 $\begin{pmatrix} 1 & 2 \\ 3 & 4 \end{pmatrix}$ が等しいのは、

$$a = 1 \text{ かつ } b = 2 \text{ かつ } c = 3 \text{ かつ } d = 4$$

が成り立つときです。

行列 $\begin{pmatrix} a & b \\ c & d \end{pmatrix}$ と行列 $\begin{pmatrix} 1 & 2 \\ 3 & 4 \end{pmatrix}$ が等しく**ない**のは、

$$a \neq 1 \text{ かつ } b \neq 2 \text{ かつ } c \neq 3 \text{ かつ } d \neq 4$$

が成り立つときといえるでしょうか。

■解答 1-6

いえません。

行列 $\begin{pmatrix} a & b \\ c & d \end{pmatrix}$ と行列 $\begin{pmatrix} 1 & 2 \\ 3 & 4 \end{pmatrix}$ が等しく**ない**のは、対応する成分のうち、等しくないものが**少なくとも一組**あるときです。

行列 $\begin{pmatrix} a & b \\ c & d \end{pmatrix}$ と行列 $\begin{pmatrix} 1 & 2 \\ 3 & 4 \end{pmatrix}$ が等しく**ない**のは、

$$a \neq 1 \text{ または } b \neq 2 \text{ または } c \neq 3 \text{ または } d \neq 4$$

が成り立つときといえます。

補足

二つの行列が等しいことは次のように定義します。

$$\begin{pmatrix} a_{11} & a_{12} \\ a_{21} & a_{22} \end{pmatrix} = \begin{pmatrix} b_{11} & b_{12} \\ b_{21} & b_{22} \end{pmatrix}$$

$\iff a_{11} = b_{11}$ かつ $a_{12} = b_{12}$ かつ $a_{21} = b_{21}$ かつ $a_{22} = b_{22}$

このとき、二つの行列が等しくないことは「または」を使って次のようにいえます。

$$\begin{pmatrix} a_{11} & a_{12} \\ a_{21} & a_{22} \end{pmatrix} \neq \begin{pmatrix} b_{11} & b_{12} \\ b_{21} & b_{22} \end{pmatrix}$$

$\iff a_{11} \neq b_{11}$ または $a_{12} \neq b_{12}$ または $a_{21} \neq b_{21}$ または $a_{22} \neq b_{22}$

●**問題 1-7**(交換法則)

a と b がどんな数でも、

$$a + b = b + a$$

が成り立ちます。これを数についての和の**交換法則**といいます。二つの 2×2 行列 $\begin{pmatrix} a_{11} & a_{12} \\ a_{21} & a_{22} \end{pmatrix}$ と $\begin{pmatrix} b_{11} & b_{12} \\ b_{21} & b_{22} \end{pmatrix}$ についても和の交換法則が成り立つことを証明してください。すなわち、

$$\begin{pmatrix} a_{11} & a_{12} \\ a_{21} & a_{22} \end{pmatrix} + \begin{pmatrix} b_{11} & b_{12} \\ b_{21} & b_{22} \end{pmatrix} = \begin{pmatrix} b_{11} & b_{12} \\ b_{21} & b_{22} \end{pmatrix} + \begin{pmatrix} a_{11} & a_{12} \\ a_{21} & a_{22} \end{pmatrix}$$

が成り立つことを証明してください。

■解答 1-7

行列の和の定義と、数についての和の交換法則を使って証明します。$\begin{pmatrix} a_{11} & a_{12} \\ a_{21} & a_{22} \end{pmatrix}$ と $\begin{pmatrix} b_{11} & b_{12} \\ b_{21} & b_{22} \end{pmatrix}$ の和を式変形していきます。

$$\begin{pmatrix} a_{11} & a_{12} \\ a_{21} & a_{22} \end{pmatrix} + \begin{pmatrix} b_{11} & b_{12} \\ b_{21} & b_{22} \end{pmatrix} \qquad \text{二つの行列の和}$$

$$= \begin{pmatrix} a_{11}+b_{11} & a_{12}+b_{12} \\ a_{21}+b_{21} & a_{22}+b_{22} \end{pmatrix} \qquad \text{行列の和の定義から}$$

$$= \begin{pmatrix} b_{11}+a_{11} & b_{12}+a_{12} \\ b_{21}+a_{21} & b_{22}+a_{22} \end{pmatrix} \qquad \text{数についての和の交換法則から}$$

$$= \begin{pmatrix} b_{11} & b_{12} \\ b_{21} & b_{22} \end{pmatrix} + \begin{pmatrix} a_{11} & a_{12} \\ a_{21} & a_{22} \end{pmatrix} \qquad \text{行列の和の定義から}$$

したがって、どんな二つの 2×2 行列についても、

$$\begin{pmatrix} a_{11} & a_{12} \\ a_{21} & a_{22} \end{pmatrix} + \begin{pmatrix} b_{11} & b_{12} \\ b_{21} & b_{22} \end{pmatrix} = \begin{pmatrix} b_{11} & b_{12} \\ b_{21} & b_{22} \end{pmatrix} + \begin{pmatrix} a_{11} & a_{12} \\ a_{21} & a_{22} \end{pmatrix}$$

が成り立ち、2×2 行列についての和の交換法則が証明できました。（証明終わり）

第2章の解答

●**問題 2-1**（行列の積）

①〜⑨の計算をしましょう。

① $\begin{pmatrix} a & b \\ c & d \end{pmatrix} \begin{pmatrix} 1 & 0 \\ 0 & 1 \end{pmatrix}$

② $\begin{pmatrix} 1 & 0 \\ 0 & 1 \end{pmatrix} \begin{pmatrix} a & b \\ c & d \end{pmatrix}$

③ $\begin{pmatrix} a & b \\ c & d \end{pmatrix} \begin{pmatrix} 1 & 1 \\ 1 & 1 \end{pmatrix}$

④ $\begin{pmatrix} a & b \\ c & d \end{pmatrix} \begin{pmatrix} 1 & 2 \\ 1 & 2 \end{pmatrix}$

⑤ $\begin{pmatrix} a & b \\ c & d \end{pmatrix} \begin{pmatrix} 1 & 1 \\ 2 & 2 \end{pmatrix}$

⑥ $\begin{pmatrix} 1 & 1 \\ 1 & 1 \end{pmatrix} \begin{pmatrix} a & b \\ c & d \end{pmatrix}$

⑦ $\begin{pmatrix} 1 & 2 \\ 1 & 2 \end{pmatrix} \begin{pmatrix} a & b \\ c & d \end{pmatrix}$

⑧ $\begin{pmatrix} 1 & 1 \\ 2 & 2 \end{pmatrix} \begin{pmatrix} a & b \\ c & d \end{pmatrix}$

⑨ $\begin{pmatrix} a & b \\ c & d \end{pmatrix} \begin{pmatrix} a & b \\ c & d \end{pmatrix}$

■解答 2-1

①

$$\begin{pmatrix} a & b \\ c & d \end{pmatrix} \begin{pmatrix} 1 & 0 \\ 0 & 1 \end{pmatrix}$$
$$= \begin{pmatrix} a \times 1 + b \times 0 & a \times 0 + b \times 1 \\ c \times 1 + d \times 0 & c \times 0 + d \times 1 \end{pmatrix}$$
$$= \begin{pmatrix} a & b \\ c & d \end{pmatrix}$$

②

$$\begin{pmatrix} 1 & 0 \\ 0 & 1 \end{pmatrix} \begin{pmatrix} a & b \\ c & d \end{pmatrix}$$
$$= \begin{pmatrix} 1 \times a + 0 \times c & 1 \times b + 0 \times d \\ 0 \times a + 1 \times c & 0 \times b + 1 \times d \end{pmatrix}$$
$$= \begin{pmatrix} a & b \\ c & d \end{pmatrix}$$

③

$$\begin{pmatrix} a & b \\ c & d \end{pmatrix} \begin{pmatrix} 1 & 1 \\ 1 & 1 \end{pmatrix}$$
$$= \begin{pmatrix} a \times 1 + b \times 1 & a \times 1 + b \times 1 \\ c \times 1 + d \times 1 & c \times 1 + d \times 1 \end{pmatrix}$$
$$= \begin{pmatrix} a+b & a+b \\ c+d & c+d \end{pmatrix}$$

④

$$\begin{pmatrix} a & b \\ c & d \end{pmatrix} \begin{pmatrix} 1 & 2 \\ 1 & 2 \end{pmatrix}$$

$$= \begin{pmatrix} a \times 1 + b \times 1 & a \times 2 + b \times 2 \\ c \times 1 + d \times 1 & c \times 2 + d \times 2 \end{pmatrix}$$

$$= \begin{pmatrix} a + b & 2a + 2b \\ c + d & 2c + 2d \end{pmatrix}$$

⑤

$$\begin{pmatrix} a & b \\ c & d \end{pmatrix} \begin{pmatrix} 1 & 1 \\ 2 & 2 \end{pmatrix}$$

$$= \begin{pmatrix} a \times 1 + b \times 2 & a \times 1 + b \times 2 \\ c \times 1 + d \times 2 & c \times 1 + d \times 2 \end{pmatrix}$$

$$= \begin{pmatrix} a + 2b & a + 2b \\ c + 2d & c + 2d \end{pmatrix}$$

⑥

$$\begin{pmatrix} 1 & 1 \\ 1 & 1 \end{pmatrix} \begin{pmatrix} a & b \\ c & d \end{pmatrix}$$

$$= \begin{pmatrix} 1 \times a + 1 \times c & 1 \times b + 1 \times d \\ 1 \times a + 1 \times c & 1 \times b + 1 \times d \end{pmatrix}$$

$$= \begin{pmatrix} a + c & b + d \\ a + c & b + d \end{pmatrix}$$

⑦

$$\begin{pmatrix} 1 & 2 \\ 1 & 2 \end{pmatrix} \begin{pmatrix} a & b \\ c & d \end{pmatrix}$$

$$= \begin{pmatrix} 1 \times a + 2 \times c & 1 \times b + 2 \times d \\ 1 \times a + 2 \times c & 1 \times b + 2 \times d \end{pmatrix}$$

$$= \begin{pmatrix} a + 2c & b + 2d \\ a + 2c & b + 2d \end{pmatrix}$$

⑧

$$\begin{pmatrix} 1 & 1 \\ 2 & 2 \end{pmatrix} \begin{pmatrix} a & b \\ c & d \end{pmatrix}$$

$$= \begin{pmatrix} 1 \times a + 1 \times c & 1 \times b + 1 \times d \\ 2 \times a + 2 \times c & 2 \times b + 2 \times d \end{pmatrix}$$

$$= \begin{pmatrix} a + c & b + d \\ 2a + 2c & 2b + 2d \end{pmatrix}$$

⑨

$$\begin{pmatrix} a & b \\ c & d \end{pmatrix} \begin{pmatrix} a & b \\ c & d \end{pmatrix}$$

$$= \begin{pmatrix} aa + bc & ab + bd \\ ca + dc & cb + dd \end{pmatrix}$$

$$= \begin{pmatrix} a^2 + bc & b(a + d) \\ c(a + d) & cb + d^2 \end{pmatrix}$$

注意：$b(a+d)$ と $c(a+d)$ のようにくくったのは見やすくするためです。$ab+bd$ と $ca+dc$ のままでもかまいません。

●問題 2-2（和の定義可能性）

①〜⑧のうち、和が定義されるものはどれですか。またその和を求めてください。

① $\begin{pmatrix} 1 & 2 \\ 3 & 4 \end{pmatrix} + \begin{pmatrix} 10 & 20 \\ 30 & 40 \end{pmatrix}$

② $\begin{pmatrix} 1 & 2 \\ 3 & 4 \end{pmatrix} + \begin{pmatrix} 10 & 20 \end{pmatrix}$

③ $\begin{pmatrix} 1 & 2 \\ 3 & 4 \end{pmatrix} + \begin{pmatrix} 10 \\ 20 \end{pmatrix}$

④ $\begin{pmatrix} 1 & 2 \\ 3 & 4 \end{pmatrix} + \begin{pmatrix} 10 & 20 & 30 \\ 40 & 50 & 60 \end{pmatrix}$

⑤ $\begin{pmatrix} 1 & 2 & 3 \\ 4 & 5 & 6 \end{pmatrix} + \begin{pmatrix} 10 & 20 \\ 30 & 40 \end{pmatrix}$

⑥ $\begin{pmatrix} 1 & 2 & 3 \\ 4 & 5 & 6 \end{pmatrix} + \begin{pmatrix} 10 & 20 & 30 \\ 40 & 50 & 60 \end{pmatrix}$

⑦ $\begin{pmatrix} 1 & 2 \\ 3 & 4 \\ 5 & 6 \end{pmatrix} + \begin{pmatrix} 10 & 20 & 30 \\ 40 & 50 & 60 \end{pmatrix}$

⑧ $\begin{pmatrix} 1 & 2 & 3 \\ 4 & 5 & 6 \end{pmatrix} + \begin{pmatrix} 10 & 20 \\ 30 & 40 \\ 50 & 60 \end{pmatrix}$

■解答 2-2

二つの行列 A と B の和 A + B が定義されるのは、A と B の行数および A と B の列数がそれぞれ等しいときです。ですから、和が定義されるのは①と⑥です。

① $\begin{pmatrix} 1 & 2 \\ 3 & 4 \end{pmatrix} + \begin{pmatrix} 10 & 20 \\ 30 & 40 \end{pmatrix} = \begin{pmatrix} 11 & 22 \\ 33 & 44 \end{pmatrix}$

⑥ $\begin{pmatrix} 1 & 2 & 3 \\ 4 & 5 & 6 \end{pmatrix} + \begin{pmatrix} 10 & 20 & 30 \\ 40 & 50 & 60 \end{pmatrix} = \begin{pmatrix} 11 & 22 & 33 \\ 44 & 55 & 66 \end{pmatrix}$

●問題 2-3（積の定義可能性）

①〜⑧のうち、積が定義されるものはどれですか。またその積を求めてください。

① $\begin{pmatrix} 1 & 2 \\ 3 & 4 \end{pmatrix} \begin{pmatrix} 10 & 20 \\ 30 & 40 \end{pmatrix}$

② $\begin{pmatrix} 1 & 2 \\ 3 & 4 \end{pmatrix} \begin{pmatrix} 10 & 20 \end{pmatrix}$

③ $\begin{pmatrix} 1 & 2 \\ 3 & 4 \end{pmatrix} \begin{pmatrix} 10 \\ 20 \end{pmatrix}$

④ $\begin{pmatrix} 1 & 2 \\ 3 & 4 \end{pmatrix} \begin{pmatrix} 10 & 20 & 30 \\ 40 & 50 & 60 \end{pmatrix}$

⑤ $\begin{pmatrix} 1 & 2 & 3 \\ 4 & 5 & 6 \end{pmatrix} \begin{pmatrix} 10 & 20 \\ 30 & 40 \end{pmatrix}$

⑥ $\begin{pmatrix} 1 & 2 & 3 \\ 4 & 5 & 6 \end{pmatrix} \begin{pmatrix} 10 & 20 & 30 \\ 40 & 50 & 60 \end{pmatrix}$

⑦ $\begin{pmatrix} 1 & 2 \\ 3 & 4 \\ 5 & 6 \end{pmatrix} \begin{pmatrix} 10 & 20 & 30 \\ 40 & 50 & 60 \end{pmatrix}$

⑧ $\begin{pmatrix} 1 & 2 & 3 \\ 4 & 5 & 6 \end{pmatrix} \begin{pmatrix} 10 & 20 \\ 30 & 40 \\ 50 & 60 \end{pmatrix}$

■解答 2-3

二つの行列 A と B の積 AB が定義されるのは、A の列数と B の行数がそれぞれ等しいときです。ですから、積が定義されるのは①,③,④,⑦,⑧です。

①

$$\begin{pmatrix} 1 & 2 \\ 3 & 4 \end{pmatrix} \begin{pmatrix} 10 & 20 \\ 30 & 40 \end{pmatrix}$$
$$= \begin{pmatrix} 1 \times 10 + 2 \times 30 & 1 \times 20 + 2 \times 40 \\ 3 \times 10 + 4 \times 30 & 3 \times 20 + 4 \times 40 \end{pmatrix}$$
$$= \begin{pmatrix} 10 + 60 & 20 + 80 \\ 30 + 120 & 60 + 160 \end{pmatrix}$$
$$= \begin{pmatrix} 70 & 100 \\ 150 & 220 \end{pmatrix}$$

③

$$\begin{pmatrix} 1 & 2 \\ 3 & 4 \end{pmatrix} \begin{pmatrix} 10 \\ 20 \end{pmatrix}$$
$$= \begin{pmatrix} 1 \times 10 + 2 \times 20 \\ 3 \times 10 + 4 \times 20 \end{pmatrix}$$
$$= \begin{pmatrix} 10 + 40 \\ 30 + 80 \end{pmatrix}$$
$$= \begin{pmatrix} 50 \\ 110 \end{pmatrix}$$

④

$$\begin{pmatrix} 1 & 2 \\ 3 & 4 \end{pmatrix} \begin{pmatrix} 10 & 20 & 30 \\ 40 & 50 & 60 \end{pmatrix}$$

$$= \begin{pmatrix} 1 \times 10 + 2 \times 40 & 1 \times 20 + 2 \times 50 & 1 \times 30 + 2 \times 60 \\ 3 \times 10 + 4 \times 40 & 3 \times 20 + 4 \times 50 & 3 \times 30 + 4 \times 60 \end{pmatrix}$$

$$= \begin{pmatrix} 10 + 80 & 20 + 100 & 30 + 120 \\ 30 + 160 & 60 + 200 & 90 + 240 \end{pmatrix}$$

$$= \begin{pmatrix} 90 & 120 & 150 \\ 190 & 260 & 330 \end{pmatrix}$$

⑦

$$\begin{pmatrix} 1 & 2 \\ 3 & 4 \\ 5 & 6 \end{pmatrix} \begin{pmatrix} 10 & 20 & 30 \\ 40 & 50 & 60 \end{pmatrix}$$

$$= \begin{pmatrix} 1 \times 10 + 2 \times 40 & 1 \times 20 + 2 \times 50 & 1 \times 30 + 2 \times 60 \\ 3 \times 10 + 4 \times 40 & 3 \times 20 + 4 \times 50 & 3 \times 30 + 4 \times 60 \\ 5 \times 10 + 6 \times 40 & 5 \times 20 + 6 \times 50 & 5 \times 30 + 6 \times 60 \end{pmatrix}$$

$$= \begin{pmatrix} 10 + 80 & 20 + 100 & 30 + 120 \\ 30 + 160 & 60 + 200 & 90 + 240 \\ 50 + 240 & 100 + 300 & 150 + 360 \end{pmatrix}$$

$$= \begin{pmatrix} 90 & 120 & 150 \\ 190 & 260 & 330 \\ 290 & 400 & 510 \end{pmatrix}$$

⑧

$$\begin{pmatrix} 1 & 2 & 3 \\ 4 & 5 & 6 \end{pmatrix} \begin{pmatrix} 10 & 20 \\ 30 & 40 \\ 50 & 60 \end{pmatrix}$$

$$= \begin{pmatrix} 1\times 10 + 2\times 30 + 3\times 50 & 1\times 20 + 2\times 40 + 3\times 60 \\ 4\times 10 + 5\times 30 + 6\times 50 & 4\times 20 + 5\times 40 + 6\times 60 \end{pmatrix}$$

$$= \begin{pmatrix} 10 + 60 + 150 & 20 + 80 + 180 \\ 40 + 150 + 300 & 80 + 200 + 360 \end{pmatrix}$$

$$= \begin{pmatrix} 220 & 280 \\ 490 & 640 \end{pmatrix}$$

補足

積の定義可能性を考えるときには、下図のような列と行の対応を考えるとわかりやすくなります。

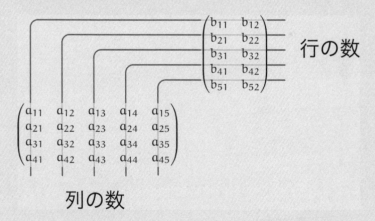

●問題 2-4（3 × 3 行列の単位行列）
第 2 章では 2 × 2 行列の単位行列を定義しました。それでは、3 × 3 行列の単位行列はどうなりますか。

■解答 2-4
3 × 3 行列の単位行列は、

$$\begin{pmatrix} 1 & 0 & 0 \\ 0 & 1 & 0 \\ 0 & 0 & 1 \end{pmatrix}$$

になります。実際、どんな 3 × 3 行列 A に対してこの行列を掛けても A に等しくなることが次の計算で確かめられます。

$$\begin{pmatrix} a_{11} & a_{12} & a_{13} \\ a_{21} & a_{22} & a_{23} \\ a_{31} & a_{32} & a_{33} \end{pmatrix} \begin{pmatrix} 1 & 0 & 0 \\ 0 & 1 & 0 \\ 0 & 0 & 1 \end{pmatrix}$$
$$= \begin{pmatrix} a_{11} \times 1 + a_{12} \times 0 + a_{13} \times 0 & a_{11} \times 0 + a_{12} \times 1 + a_{13} \times 0 & a_{11} \times 0 + a_{12} \times 0 + a_{13} \times 1 \\ a_{21} \times 1 + a_{22} \times 0 + a_{23} \times 0 & a_{21} \times 0 + a_{22} \times 1 + a_{23} \times 0 & a_{21} \times 0 + a_{22} \times 0 + a_{23} \times 1 \\ a_{31} \times 1 + a_{32} \times 0 + a_{33} \times 0 & a_{31} \times 0 + a_{32} \times 1 + a_{33} \times 0 & a_{31} \times 0 + a_{32} \times 0 + a_{33} \times 1 \end{pmatrix}$$
$$= \begin{pmatrix} a_{11} & a_{12} & a_{13} \\ a_{21} & a_{22} & a_{23} \\ a_{31} & a_{32} & a_{33} \end{pmatrix}$$

補足

n を正の整数としたとき、$n \times n$ 行列の単位行列は、次のように定義できます。

$$\begin{pmatrix} a_{11} & a_{12} & a_{13} & a_{14} & \cdots & a_{1n} \\ a_{21} & a_{22} & a_{23} & a_{24} & \cdots & a_{2n} \\ a_{31} & a_{32} & a_{33} & a_{34} & \cdots & a_{3n} \\ a_{41} & a_{42} & a_{43} & a_{44} & \cdots & a_{4n} \\ \vdots & \vdots & \vdots & \vdots & \ddots & \vdots \\ a_{n1} & a_{n2} & a_{n3} & a_{n4} & \cdots & a_{nn} \end{pmatrix} = \begin{pmatrix} 1 & 0 & 0 & 0 & \cdots & 0 \\ 0 & 1 & 0 & 0 & \cdots & 0 \\ 0 & 0 & 1 & 0 & \cdots & 0 \\ 0 & 0 & 0 & 1 & \cdots & 0 \\ \vdots & \vdots & \vdots & \vdots & \ddots & \vdots \\ 0 & 0 & 0 & 0 & \cdots & 1 \end{pmatrix}$$

すなわち、$n \times n$ 行列の単位行列は、

$$a_{11}, a_{22}, a_{33}, a_{44}, \ldots, a_{nn}$$

のような対角線上に並んだ成分（対角成分）だけが 1 で、残りの成分が 0 である行列になります。これは、

$$a_{jk} = \begin{cases} 0 & (j \neq k) \\ 1 & (j = k) \end{cases}$$

と書くこともできます。

●問題 2-5（逆行列）

①〜③の逆行列を求めましょう。

① $\begin{pmatrix} 2 & 0 \\ 0 & 3 \end{pmatrix}$

② $\begin{pmatrix} 1 & 1 \\ 0 & 1 \end{pmatrix}$

③ $\begin{pmatrix} 0 & -1 \\ 1 & 0 \end{pmatrix}$

■解答 2-5

$ad - bc \neq 0$ のとき、行列 $\begin{pmatrix} a & b \\ c & d \end{pmatrix}$ の逆行列は、

$$\begin{pmatrix} a & b \\ c & d \end{pmatrix}^{-1} = \frac{1}{ad-bc}\begin{pmatrix} d & -b \\ -c & a \end{pmatrix}$$

で求められることを使います。

①

$$\begin{pmatrix} 2 & 0 \\ 0 & 3 \end{pmatrix}^{-1} = \frac{1}{2\times 3 - 0\times 0}\begin{pmatrix} 3 & -0 \\ -0 & 2 \end{pmatrix}$$

$$= \frac{1}{6}\begin{pmatrix} 3 & 0 \\ 0 & 2 \end{pmatrix}$$

$$= \begin{pmatrix} \frac{1}{2} & 0 \\ 0 & \frac{1}{3} \end{pmatrix}$$

$$= \begin{pmatrix} 2^{-1} & 0 \\ 0 & 3^{-1} \end{pmatrix}$$

補足:一般に $ab \neq 0$ のとき、

$$\begin{pmatrix} a & 0 \\ 0 & b \end{pmatrix}^{-1} = \begin{pmatrix} a^{-1} & 0 \\ 0 & b^{-1} \end{pmatrix}$$

になります。

②

$$\begin{pmatrix} 1 & 1 \\ 0 & 1 \end{pmatrix}^{-1} = \frac{1}{1\times 1 - 1\times 0}\begin{pmatrix} 1 & -1 \\ -0 & 1 \end{pmatrix}$$

$$= \begin{pmatrix} 1 & -1 \\ 0 & 1 \end{pmatrix}$$

補足:一般に、

$$\begin{pmatrix} 1 & a \\ 0 & 1 \end{pmatrix}^{-1} = \begin{pmatrix} 1 & -a \\ 0 & 1 \end{pmatrix}$$

になります。

③
$$\begin{pmatrix} 0 & -1 \\ 1 & 0 \end{pmatrix}^{-1} = \frac{1}{0 \times 0 - (-1) \times 1} \begin{pmatrix} 0 & 1 \\ -1 & 0 \end{pmatrix}$$
$$= \begin{pmatrix} 0 & 1 \\ -1 & 0 \end{pmatrix}$$

補足：一般に $a \neq 0$ のとき、

$$\begin{pmatrix} 0 & -a \\ a & 0 \end{pmatrix}^{-1} = \frac{1}{a^2} \begin{pmatrix} 0 & a \\ -a & 0 \end{pmatrix}$$

になります。

●**問題 2-6**（1×1 行列の逆行列）
1×1 行列 (a) の逆行列を求めてください。

■**解答 2-6**
1×1 行列の単位行列は (1) ですから、

$$(a)(x) = (1)$$

を満たす x を求めます。左辺の積を計算して、

$$(ax) = (1)$$

を得ます。両辺の成分を比較して、

$$ax = 1$$

を満たす x を求めることになります。$a = 0$ のとき、このような x は存在しません。また $a \neq 0$ のとき、

$$x = \frac{1}{a} = a^{-1}$$

になります。

したがって、$a = 0$ のとき、(a) の逆行列は存在しません。また $a \neq 0$ のとき、$(a)^{-1} = (a^{-1})$ です。

●問題 2-7（逆行列の逆行列）

次の行列 A の逆行列 A^{-1} を求めてください。

$$A = \frac{1}{ad - bc} \begin{pmatrix} d & -b \\ -c & a \end{pmatrix}$$

■解答 2-7

$$A^{-1} = \begin{pmatrix} a & b \\ c & d \end{pmatrix}$$

になります。実際、

$$\frac{1}{ad-bc}\begin{pmatrix} d & -b \\ -c & a \end{pmatrix}\begin{pmatrix} a & b \\ c & d \end{pmatrix} = \frac{1}{ad-bc}\begin{pmatrix} da - bc & db - bd \\ -ca + ac & -cb + ad \end{pmatrix}$$

$$= \frac{1}{ad-bc}\begin{pmatrix} ad - bc & 0 \\ 0 & ad - bc \end{pmatrix}$$

$$= \begin{pmatrix} 1 & 0 \\ 0 & 1 \end{pmatrix}$$

になります。

補足

行列 $\frac{1}{ad-bc}\begin{pmatrix} d & -b \\ -c & a \end{pmatrix}$ は行列 $\begin{pmatrix} a & b \\ c & d \end{pmatrix}$ の逆行列ですから、逆行列の逆行列はもとの行列になること、すなわち $ad-bc \neq 0$ のとき、

$$\left(\begin{pmatrix} a & b \\ c & d \end{pmatrix}^{-1}\right)^{-1} = \begin{pmatrix} a & b \\ c & d \end{pmatrix}$$

であることがわかります。

第3章の解答

> ●**問題 3-1**(行列で成り立つ式)
> ①〜⑦のうち、任意の 2×2 行列 A, B, C に対して成り立つ式はどれですか。ただし、I は 2×2 行列の単位行列とします。
>
> ① $A + B = B + A$
> ② $AB = BA$
> ③ $AB + BA = 2AB$
> ④ $(A + B)(A - B) = A^2 - B^2$
> ⑤ $(A + B)(A + C) = A^2 + (B + C)A + BC$
> ⑥ $(A + B)^2 = A^2 + 2AB + B^2$
> ⑦ $(A + I)^2 = A^2 + 2A + I$

■**解答 3-1**

行列では、積の交換法則が成り立たないという点に注意します。

① $A + B = B + A$ は、いつも成り立ちます。
② $AB = BA$ は、成り立つとは限りません。たとえば、$A = \begin{pmatrix} 1 & 1 \\ 0 & 0 \end{pmatrix}, B = \begin{pmatrix} 1 & 0 \\ 1 & 0 \end{pmatrix}$ の場合、AB と BA はそれぞれ次のようになります。

$$AB = \begin{pmatrix} 1 & 1 \\ 0 & 0 \end{pmatrix} \begin{pmatrix} 1 & 0 \\ 1 & 0 \end{pmatrix}$$

$$= \begin{pmatrix} 1 \times 1 + 1 \times 1 & 1 \times 0 + 1 \times 0 \\ 0 \times 1 + 0 \times 1 & 0 \times 0 + 0 \times 0 \end{pmatrix}$$

$$= \begin{pmatrix} 2 & 0 \\ 0 & 0 \end{pmatrix}$$

$$BA = \begin{pmatrix} 1 & 0 \\ 1 & 0 \end{pmatrix} \begin{pmatrix} 1 & 1 \\ 0 & 0 \end{pmatrix}$$

$$= \begin{pmatrix} 1 \times 1 + 0 \times 0 & 1 \times 1 + 0 \times 0 \\ 1 \times 1 + 0 \times 0 & 1 \times 1 + 0 \times 0 \end{pmatrix}$$

$$= \begin{pmatrix} 1 & 1 \\ 1 & 1 \end{pmatrix}$$

したがって、$AB \neq BA$ です。

③ $AB + BA = 2AB$ は、成り立つとは限りません。たとえば、$A = \begin{pmatrix} 1 & 1 \\ 0 & 0 \end{pmatrix}, B = \begin{pmatrix} 1 & 0 \\ 1 & 0 \end{pmatrix}$ の場合、$AB + BA$ と $2AB$ はそれぞれ次のようになります（AB と BA は②ですでに計算しました）。

$$AB + BA = \begin{pmatrix} 2 & 0 \\ 0 & 0 \end{pmatrix} + \begin{pmatrix} 1 & 1 \\ 1 & 1 \end{pmatrix}$$

$$= \begin{pmatrix} 3 & 1 \\ 1 & 1 \end{pmatrix}$$

$$2AB = 2 \begin{pmatrix} 2 & 0 \\ 0 & 0 \end{pmatrix}$$

$$= \begin{pmatrix} 4 & 0 \\ 0 & 0 \end{pmatrix}$$

したがって、$AB + BA \neq 2AB$ です。

④ $(A+B)(A-B) = A^2 - B^2$ は、成り立つとは限りません。

左辺を計算します。

$$(A + B)(A - B) = (A + B)A - (A + B)B$$
$$= AA + BA - AB - BB$$
$$= A^2 + \underline{BA - AB} - B^2$$

したがって、$BA - AB \neq O$ すなわち $BA \neq AB$ のとき、④は成り立ちません。たとえば、$A = \begin{pmatrix} 1 & 1 \\ 0 & 0 \end{pmatrix}, B = \begin{pmatrix} 1 & 0 \\ 1 & 0 \end{pmatrix}$ の場合、④は成り立ちません。

⑤ $(A + B)(A + C) = A^2 + (B + C)A + BC$ は、成り立つとは限りません。左辺と右辺をそれぞれ計算します。

$$(A + B)(A + C) = (A + B)A + (A + B)C$$
$$= AA + BA + AC + BC$$
$$= A^2 + BA + \underline{AC} + BC$$

$$A^2 + (B + C)A + BC = A^2 + BA + \underline{CA} + BC$$

したがって、$AC \neq CA$ のとき、⑤は成り立ちません。たとえば、$A = \begin{pmatrix} 1 & 1 \\ 0 & 0 \end{pmatrix}, C = \begin{pmatrix} 1 & 0 \\ 1 & 0 \end{pmatrix}$ の場合、⑤は成り立ちません。

⑥ $(A + B)^2 = A^2 + 2AB + B^2$ は、成り立つとは限りません。左辺と右辺をそれぞれ計算します。

$$(A + B)^2 = (A + B)(A + B)$$
$$= (A + B)A + (A + B)B$$
$$= AA + BA + AB + BB$$
$$= A^2 + \underline{BA} + AB + B^2$$

$$A^2 + 2AB + B^2 = A^2 + \underline{AB} + AB + B^2$$

したがって、AB ≠ BA のとき、⑥は成り立ちません。たとえば、$A = \begin{pmatrix} 1 & 1 \\ 0 & 0 \end{pmatrix}, B = \begin{pmatrix} 1 & 0 \\ 1 & 0 \end{pmatrix}$ の場合、⑥は成り立ちません。

⑦ $(A+I)^2 = A^2 + 2A + I$ は、次のように左辺を展開すると右辺に等しくなるので、いつも成り立ちます。

$$\begin{aligned}(A+I)^2 &= (A+I)(A+I) \\ &= (A+I)A + (A+I)I \\ &= AA + IA + AI + II \\ &= A^2 + A + A + I^2 \\ &= A^2 + 2A + I^2 \\ &= A^2 + 2A + I\end{aligned}$$

<u>答　いつも成り立つのは①と⑦</u>

●**問題 3-2**（分配法則）

任意の 2×2 行列 A, B, C に対して、

$$(A+B)C = AC + BC$$

が成り立つことを証明してください。

■**解答 3-2**

成分を使って（根気よく）計算します。
$A = \begin{pmatrix} a_1 & a_2 \\ a_3 & a_4 \end{pmatrix}, B = \begin{pmatrix} b_1 & b_2 \\ b_3 & b_4 \end{pmatrix}, C = \begin{pmatrix} c_1 & c_2 \\ c_3 & c_4 \end{pmatrix}$ とします。
まず $(A+B)C$ を計算すると、次のようになります。

$(A + B)C$

$$= \left(\begin{pmatrix} a_1 & a_2 \\ a_3 & a_4 \end{pmatrix} + \begin{pmatrix} b_1 & b_2 \\ b_3 & b_4 \end{pmatrix}\right) \begin{pmatrix} c_1 & c_2 \\ c_3 & c_4 \end{pmatrix}$$

$$= \begin{pmatrix} a_1 + b_1 & a_2 + b_2 \\ a_3 + b_3 & a_4 + b_4 \end{pmatrix} \begin{pmatrix} c_1 & c_2 \\ c_3 & c_4 \end{pmatrix}$$

$$= \begin{pmatrix} (a_1 + b_1)c_1 + (a_2 + b_2)c_3 & (a_1 + b_1)c_2 + (a_2 + b_2)c_4 \\ (a_3 + b_3)c_1 + (a_4 + b_4)c_3 & (a_3 + b_3)c_2 + (a_4 + b_4)c_4 \end{pmatrix}$$

$$= \begin{pmatrix} a_1c_1 + b_1c_1 + a_2c_3 + b_2c_3 & a_1c_2 + b_1c_2 + a_2c_4 + b_2c_4 \\ a_3c_1 + b_3c_1 + a_4c_3 + b_4c_3 & a_3c_2 + b_3c_2 + a_4c_4 + b_4c_4 \end{pmatrix}$$

$AC + BC$ を計算すると、次のようになります。

$AC + BC$

$$= \begin{pmatrix} a_1 & a_2 \\ a_3 & a_4 \end{pmatrix} \begin{pmatrix} c_1 & c_2 \\ c_3 & c_4 \end{pmatrix} + \begin{pmatrix} b_1 & b_2 \\ b_3 & b_4 \end{pmatrix} \begin{pmatrix} c_1 & c_2 \\ c_3 & c_4 \end{pmatrix}$$

$$= \begin{pmatrix} a_1c_1 + a_2c_3 & a_1c_2 + a_2c_4 \\ a_3c_1 + a_4c_3 & a_3c_2 + a_4c_4 \end{pmatrix} + \begin{pmatrix} b_1c_1 + b_2c_3 & b_1c_2 + b_2c_4 \\ b_3c_1 + b_4c_3 & b_3c_2 + b_4c_4 \end{pmatrix}$$

$$= \begin{pmatrix} (a_1c_1 + a_2c_3) + (b_1c_1 + b_2c_3) & (a_1c_2 + a_2c_4) + (b_1c_2 + b_2c_4) \\ (a_3c_1 + a_4c_3) + (b_3c_1 + b_4c_3) & (a_3c_2 + a_4c_4) + (b_3c_2 + b_4c_4) \end{pmatrix}$$

$$= \begin{pmatrix} a_1c_1 + a_2c_3 + b_1c_1 + b_2c_3 & a_1c_2 + a_2c_4 + b_1c_2 + b_2c_4 \\ a_3c_1 + a_4c_3 + b_3c_1 + b_4c_3 & a_3c_2 + a_4c_4 + b_3c_2 + b_4c_4 \end{pmatrix}$$

$$= \begin{pmatrix} a_1c_1 + b_1c_1 + a_2c_3 + b_2c_3 & a_1c_2 + b_1c_2 + a_2c_4 + b_2c_4 \\ a_3c_1 + b_3c_1 + a_4c_3 + b_4c_3 & a_3c_2 + b_3c_2 + a_4c_4 + b_4c_4 \end{pmatrix}$$

対応する成分が等しいので、$(A + B)C = AC + BC$ が成り立ちます。

(証明終わり)

別解

j 行 k 列の成分（jk 成分）に注目しましょう。まず準備として、二つの行列の和と積について jk 成分がどうなるかを一般的に書きます。

$X = \begin{pmatrix} x_{11} & x_{12} \\ x_{21} & x_{22} \end{pmatrix}, Y = \begin{pmatrix} y_{11} & y_{12} \\ y_{21} & y_{22} \end{pmatrix}$ とすると、

$$\begin{pmatrix} x_{11} & x_{12} \\ x_{21} & x_{22} \end{pmatrix} + \begin{pmatrix} y_{11} & y_{12} \\ y_{21} & y_{22} \end{pmatrix} = \begin{pmatrix} x_{11} + y_{11} & x_{12} + y_{12} \\ x_{21} + y_{21} & x_{22} + y_{22} \end{pmatrix}$$

$$\begin{pmatrix} x_{11} & x_{12} \\ x_{21} & x_{22} \end{pmatrix} \begin{pmatrix} y_{11} & y_{12} \\ y_{21} & y_{22} \end{pmatrix} = \begin{pmatrix} x_{11}y_{11} + x_{12}y_{21} & x_{11}y_{12} + x_{12}y_{22} \\ x_{21}y_{11} + x_{22}y_{21} & x_{21}y_{12} + x_{22}y_{22} \end{pmatrix}$$

になります。ですから、

$$X + Y \text{ の jk 成分} = x_{jk} + y_{jk}$$
$$XY \text{ の jk 成分} = x_{j1}y_{1k} + x_{j2}y_{2k}$$

がいえます。この準備をもとに、行列 $(A+B)C$ と行列 $AC+BC$ の jk 成分をそれぞれ計算します。

$A = \begin{pmatrix} a_{11} & a_{12} \\ a_{21} & a_{22} \end{pmatrix}, B = \begin{pmatrix} b_{11} & b_{12} \\ b_{21} & b_{22} \end{pmatrix}, C = \begin{pmatrix} c_{11} & c_{12} \\ c_{21} & c_{22} \end{pmatrix}$ とします。

行列 $(A+B)C$

$A + B$ の jk 成分 $= a_{jk} + b_{jk}$

$A + B$ の j1 成分 $= a_{j1} + b_{j1}$

$A + B$ の j2 成分 $= a_{j2} + b_{j2}$

$(A+B)C$ の jk 成分 $= \underbrace{(a_{j1} + b_{j1})}_{A+B \text{ の j1 成分}} c_{1k} + \underbrace{(a_{j2} + b_{j2})}_{A+B \text{ の j2 成分}} c_{2k}$

$= \underline{a_{j1}c_{1k} + b_{j1}c_{1k} + a_{j2}c_{2k} + b_{j2}c_{2k}}$

行列 $AC + BC$

$$AC \text{ の } jk \text{ 成分} = a_{j1}c_{1k} + a_{j2}c_{2k}$$
$$BC \text{ の } jk \text{ 成分} = b_{j1}c_{1k} + b_{j2}c_{2k}$$
$$AC + BC \text{ の } jk \text{ 成分} = a_{j1}c_{1k} + a_{j2}c_{2k} + b_{j1}c_{1k} + b_{j2}c_{2k}$$
$$= \underline{a_{j1}c_{1k} + b_{j1}c_{1k} + a_{j2}c_{2k} + b_{j2}c_{2k}}$$

行列 $(A+B)C$ と行列 $AC+BC$ の jk 成分が等しいので、

$$(A+B)C = AC + BC$$

が成り立ちます。

(証明終わり)

●問題 3-3(結合法則)
任意の 2×2 行列 A, B, C に対して、

$$(AB)C = A(BC)$$

が成り立つことを証明してください。

■解答 3-3
行列 A, B, C を、

$$A = \begin{pmatrix} a_1 & a_2 \\ a_3 & a_4 \end{pmatrix}, \ B = \begin{pmatrix} b_1 & b_2 \\ b_3 & b_4 \end{pmatrix}, \ C = \begin{pmatrix} c_1 & c_2 \\ c_3 & c_4 \end{pmatrix}$$

とします。

$(AB)C$ を計算します。

$(AB)C$

$= \left(\begin{pmatrix} a_1 & a_2 \\ a_3 & a_4 \end{pmatrix} \begin{pmatrix} b_1 & b_2 \\ b_3 & b_4 \end{pmatrix}\right) \begin{pmatrix} c_1 & c_2 \\ c_3 & c_4 \end{pmatrix}$

$= \begin{pmatrix} a_1 b_1 + a_2 b_3 & a_1 b_2 + a_2 b_4 \\ a_3 b_1 + a_4 b_3 & a_3 b_2 + a_4 b_4 \end{pmatrix} \begin{pmatrix} c_1 & c_2 \\ c_3 & c_4 \end{pmatrix}$

$= \begin{pmatrix} (a_1 b_1 + a_2 b_3)c_1 + (a_1 b_2 + a_2 b_4)c_3 & (a_1 b_1 + a_2 b_3)c_2 + (a_1 b_2 + a_2 b_4)c_4 \\ (a_3 b_1 + a_4 b_3)c_1 + (a_3 b_2 + a_4 b_4)c_3 & (a_3 b_1 + a_4 b_3)c_2 + (a_3 b_2 + a_4 b_4)c_4 \end{pmatrix}$

$= \begin{pmatrix} a_1 b_1 c_1 + a_2 b_3 c_1 + a_1 b_2 c_3 + a_2 b_4 c_3 & a_1 b_1 c_2 + a_2 b_3 c_2 + a_1 b_2 c_4 + a_2 b_4 c_4 \\ a_3 b_1 c_1 + a_4 b_3 c_1 + a_3 b_2 c_3 + a_4 b_4 c_3 & a_3 b_1 c_2 + a_4 b_3 c_2 + a_3 b_2 c_4 + a_4 b_4 c_4 \end{pmatrix}$

$A(BC)$ を計算します。

$A(BC)$

$= \begin{pmatrix} a_1 & a_2 \\ a_3 & a_4 \end{pmatrix} \left(\begin{pmatrix} b_1 & b_2 \\ b_3 & b_4 \end{pmatrix} \begin{pmatrix} c_1 & c_2 \\ c_3 & c_4 \end{pmatrix}\right)$

$= \begin{pmatrix} a_1 & a_2 \\ a_3 & a_4 \end{pmatrix} \begin{pmatrix} b_1 c_1 + b_2 c_3 & b_1 c_2 + b_2 c_4 \\ b_3 c_1 + b_4 c_3 & b_3 c_2 + b_4 c_4 \end{pmatrix}$

$= \begin{pmatrix} a_1(b_1 c_1 + b_2 c_3) + a_2(b_3 c_1 + b_4 c_3) & a_1(b_1 c_2 + b_2 c_4) + a_2(b_3 c_2 + b_4 c_4) \\ a_3(b_1 c_1 + b_2 c_3) + a_4(b_3 c_1 + b_4 c_3) & a_3(b_1 c_2 + b_2 c_4) + a_4(b_3 c_2 + b_4 c_4) \end{pmatrix}$

$= \begin{pmatrix} a_1 b_1 c_1 + a_1 b_2 c_3 + a_2 b_3 c_1 + a_2 b_4 c_3 & a_1 b_1 c_2 + a_1 b_2 c_4 + a_2 b_3 c_2 + a_2 b_4 c_4 \\ a_3 b_1 c_1 + a_3 b_2 c_3 + a_4 b_3 c_1 + a_4 b_4 c_3 & a_3 b_1 c_2 + a_3 b_2 c_4 + a_4 b_3 c_2 + a_4 b_4 c_4 \end{pmatrix}$

$= \begin{pmatrix} a_1 b_1 c_1 + a_2 b_3 c_1 + a_1 b_2 c_3 + a_2 b_4 c_3 & a_1 b_1 c_2 + a_2 b_3 c_2 + a_1 b_2 c_4 + a_2 b_4 c_4 \\ a_3 b_1 c_1 + a_4 b_3 c_1 + a_3 b_2 c_3 + a_4 b_4 c_3 & a_3 b_1 c_2 + a_4 b_3 c_2 + a_3 b_2 c_4 + a_4 b_4 c_4 \end{pmatrix}$

対応する成分が等しいので、$(AB)C = A(BC)$ が成り立ちます。
(証明終わり)

別解

問題 3-2 の別解と同様に、

$$A = \begin{pmatrix} a_{11} & a_{12} \\ a_{21} & a_{22} \end{pmatrix}, \ B = \begin{pmatrix} b_{11} & b_{12} \\ b_{21} & b_{22} \end{pmatrix}, \ C = \begin{pmatrix} c_{11} & c_{12} \\ c_{21} & c_{22} \end{pmatrix}$$

として、jk 成分に注目します。

行列 (AB)C

AB の jk 成分 $= a_{j1}b_{1k} + a_{j2}b_{2k}$

$(AB)C$ の jk 成分 $= \underbrace{(a_{j1}b_{11} + a_{j2}b_{21})}_{AB \text{ の j1 成分}} c_{1k} + \underbrace{(a_{j1}b_{12} + a_{j2}b_{22})}_{AB \text{ の j2 成分}} c_{2k}$

$= a_{j1}b_{11}c_{1k} + a_{j2}b_{21}c_{1k} + a_{j1}b_{12}c_{2k} + a_{j2}b_{22}c_{2k}$

行列 A(BC)

BC の jk 成分 $= b_{j1}c_{1k} + b_{j2}c_{2k}$

$A(BC)$ の jk 成分 $= a_{j1}\underbrace{(b_{11}c_{1k} + b_{12}c_{2k})}_{BC \text{ の 1k 成分}} + a_{j2}\underbrace{(b_{21}c_{1k} + b_{22}c_{2k})}_{BC \text{ の 2k 成分}}$

$= a_{j1}b_{11}c_{1k} + a_{j1}b_{12}c_{2k} + a_{j2}b_{21}c_{1k} + a_{j2}b_{22}c_{2k}$

$= a_{j1}b_{11}c_{1k} + a_{j2}b_{21}c_{1k} + a_{j1}b_{12}c_{2k} + a_{j2}b_{22}c_{2k}$

行列 $(AB)C$ と行列 $A(BC)$ の jk 成分が等しいので、

$$(AB)C = A(BC)$$

が成り立ちます。

（証明終わり）

第4章の解答

●**問題 4-1**（平行移動）

座標平面上の点 $\binom{x}{y}$ をすべて右に 1 だけ平行移動する変換、

$$\binom{x}{y} \mapsto \binom{x+1}{y}$$

を行列の積を使った変換で表すことはできますか。

■**解答 4-1**

できません。

この平行移動で原点 $\binom{0}{0}$ は、

$$\binom{0}{0} \mapsto \binom{1}{0}$$

に移りますが、行列の積を使った変換で、原点 $\binom{0}{0}$ は原点 $\binom{0}{0}$ に移ることになるからです。

●**問題 4-2**（変換後の点を求める）

①〜⑦の行列は、座標平面上の点 $\binom{2}{1}$ をどの点に移しますか。

① $\begin{pmatrix} 0 & 0 \\ 0 & 0 \end{pmatrix}$

② $\begin{pmatrix} \frac{1}{2} & 0 \\ 0 & 2 \end{pmatrix}$

③ $\begin{pmatrix} 1 & 1 \\ 0 & 0 \end{pmatrix}$

④ $\begin{pmatrix} 1 & 2 \\ 0 & 1 \end{pmatrix}$

⑤ $\begin{pmatrix} 0 & -1 \\ 1 & 0 \end{pmatrix}$

⑥ $\begin{pmatrix} 0 & 1 \\ -1 & 0 \end{pmatrix}$

⑦ $\begin{pmatrix} \cos\theta & -\sin\theta \\ \sin\theta & \cos\theta \end{pmatrix}$

■**解答 4-2**

行列と縦ベクトル $\binom{2}{1}$ の積を求めます。

① $\begin{pmatrix} 0 & 0 \\ 0 & 0 \end{pmatrix} \begin{pmatrix} 2 \\ 1 \end{pmatrix} = \begin{pmatrix} 0 \\ 0 \end{pmatrix}$

② $\begin{pmatrix} \frac{1}{2} & 0 \\ 0 & 2 \end{pmatrix} \begin{pmatrix} 2 \\ 1 \end{pmatrix} = \begin{pmatrix} 1 \\ 2 \end{pmatrix}$

③ $\begin{pmatrix} 1 & 1 \\ 0 & 0 \end{pmatrix} \begin{pmatrix} 2 \\ 1 \end{pmatrix} = \begin{pmatrix} 3 \\ 0 \end{pmatrix}$

④ $\begin{pmatrix} 1 & 2 \\ 0 & 1 \end{pmatrix} \begin{pmatrix} 2 \\ 1 \end{pmatrix} = \begin{pmatrix} 4 \\ 1 \end{pmatrix}$

⑤ $\begin{pmatrix} 0 & -1 \\ 1 & 0 \end{pmatrix} \begin{pmatrix} 2 \\ 1 \end{pmatrix} = \begin{pmatrix} -1 \\ 2 \end{pmatrix}$

⑥ $\begin{pmatrix} 0 & 1 \\ -1 & 0 \end{pmatrix} \begin{pmatrix} 2 \\ 1 \end{pmatrix} = \begin{pmatrix} 1 \\ -2 \end{pmatrix}$

⑦ $\begin{pmatrix} \cos\theta & -\sin\theta \\ \sin\theta & \cos\theta \end{pmatrix} \begin{pmatrix} 2 \\ 1 \end{pmatrix} = \begin{pmatrix} 2\cos\theta - \sin\theta \\ 2\sin\theta + \cos\theta \end{pmatrix}$

276 解答

●問題 4-3（変換後の図形を求める）

①〜⑦の行列は、座標平面上の次の図形をどんな図形に変換しますか。

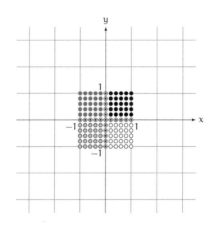

① $\begin{pmatrix} 0 & 0 \\ 0 & 0 \end{pmatrix}$

② $\begin{pmatrix} \frac{1}{2} & 0 \\ 0 & 2 \end{pmatrix}$

③ $\begin{pmatrix} 1 & 1 \\ 0 & 0 \end{pmatrix}$

④ $\begin{pmatrix} 1 & 2 \\ 0 & 1 \end{pmatrix}$

⑤ $\begin{pmatrix} 0 & -1 \\ 1 & 0 \end{pmatrix}$

⑥ $\begin{pmatrix} 0 & 1 \\ -1 & 0 \end{pmatrix}$

⑦ $\begin{pmatrix} \cos\theta & -\sin\theta \\ \sin\theta & \cos\theta \end{pmatrix}$

■解答 4-3

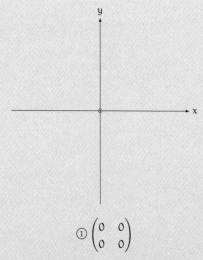

① $\begin{pmatrix} 0 & 0 \\ 0 & 0 \end{pmatrix}$

(すべての点が原点に移されます)

278 解答

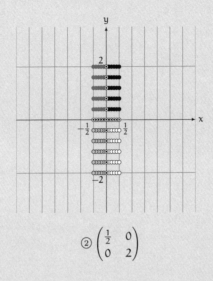

② $\begin{pmatrix} \frac{1}{2} & 0 \\ 0 & 2 \end{pmatrix}$

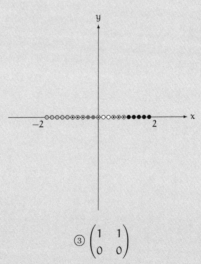

③ $\begin{pmatrix} 1 & 1 \\ 0 & 0 \end{pmatrix}$

(x 座標と y 座標の値の和が等しい点同士は、同じ点に移されます)

第4章の解答 279

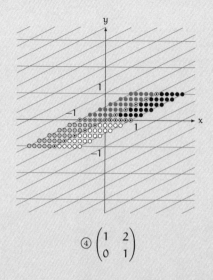

④ $\begin{pmatrix} 1 & 2 \\ 0 & 1 \end{pmatrix}$

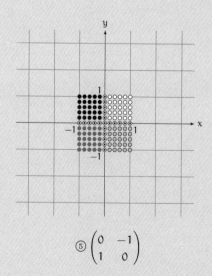

⑤ $\begin{pmatrix} 0 & -1 \\ 1 & 0 \end{pmatrix}$

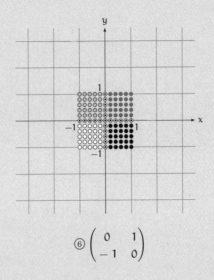

⑥ $\begin{pmatrix} 0 & 1 \\ -1 & 0 \end{pmatrix}$

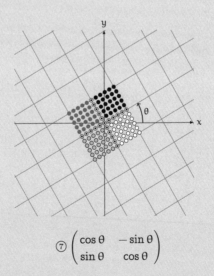

⑦ $\begin{pmatrix} \cos\theta & -\sin\theta \\ \sin\theta & \cos\theta \end{pmatrix}$

●**問題 4-4**(直線の変換)

方程式 $x + 2y = 2$ で表される直線は、行列 $\begin{pmatrix} 2 & 1 \\ 1 & 3 \end{pmatrix}$ でどんな図形に変換されますか。

ヒント:方程式 $x + 2y = 2$ で表される直線はパラメータ t を使って、

$$\begin{pmatrix} x \\ y \end{pmatrix} = \begin{pmatrix} 2 \\ 0 \end{pmatrix} + t \begin{pmatrix} -2 \\ 1 \end{pmatrix}$$

と表されます。

■**解答 4-4**

方程式 $x + 2y = 2$ で表される直線上の点は、t を任意の実数として、

$$\begin{pmatrix} 2 \\ 0 \end{pmatrix} + t \begin{pmatrix} -2 \\ 1 \end{pmatrix} = \begin{pmatrix} 2 - 2t \\ t \end{pmatrix}$$

と表されます。この点を行列 $\begin{pmatrix} 2 & 1 \\ 1 & 3 \end{pmatrix}$ で変換して得られる点を求めます。

$$\begin{pmatrix} 2 & 1 \\ 1 & 3 \end{pmatrix} \begin{pmatrix} 2-2t \\ t \end{pmatrix} = \begin{pmatrix} 2 \times (2-2t) + 1 \times t \\ 1 \times (2-2t) + 3 \times t \end{pmatrix}$$

$$= \begin{pmatrix} 4 - 4t + t \\ 2 - 2t + 3t \end{pmatrix}$$

$$= \begin{pmatrix} 4 - 3t \\ 2 + t \end{pmatrix}$$

$$= \begin{pmatrix} 4 \\ 2 \end{pmatrix} + t \begin{pmatrix} -3 \\ 1 \end{pmatrix}$$

したがって、変換後の図形は、tをパラメータとして、

$$\begin{pmatrix} x \\ y \end{pmatrix} = \begin{pmatrix} 4 \\ 2 \end{pmatrix} + t \begin{pmatrix} -3 \\ 1 \end{pmatrix}$$

で表される直線となります。

このままでもかまいませんが、問題文と同じ形式にそろえるため、ここからtを消去して直線の方程式を求めます。

$$\begin{cases} x = 4 + (-3)t & \cdots\cdots ① \\ y = 2 + 1t & \cdots\cdots ② \end{cases}$$

②から、$t = y - 2$ が得られます。①のtに $y - 2$ を代入してtを消去すると、

$$x = 4 + (-3)(y - 2)$$

が得られます。これを整理して変換後の直線の方程式、

$$x + 3y = 10$$

を得ます。

答 直線 $x + 3y = 10$

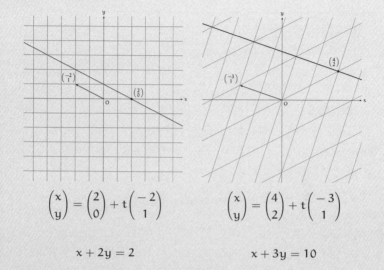

$$\begin{pmatrix} x \\ y \end{pmatrix} = \begin{pmatrix} 2 \\ 0 \end{pmatrix} + t\begin{pmatrix} -2 \\ 1 \end{pmatrix} \qquad \begin{pmatrix} x \\ y \end{pmatrix} = \begin{pmatrix} 4 \\ 2 \end{pmatrix} + t\begin{pmatrix} -3 \\ 1 \end{pmatrix}$$

$$x + 2y = 2 \qquad\qquad x + 3y = 10$$

補足

$\begin{pmatrix} x \\ y \end{pmatrix} = \begin{pmatrix} 4 \\ 2 \end{pmatrix} + t\begin{pmatrix} -3 \\ 1 \end{pmatrix}$ のように、パラメータを使って直線を表す方法を**直線のパラメータ表示**や**直線の媒介表示**と呼びます。

第5章の解答

●**問題 5-1**(積の逆行列)
2×2 行列 A と B に対して、それぞれの逆行列 A^{-1} と B^{-1} が存在するとき、行列 $B^{-1}A^{-1}$ は行列 AB の逆行列であることを証明してください。

■**解答 5-1**

行列 $B^{-1}A^{-1}$ が行列 AB の逆行列であることは、行列 AB と行列 $B^{-1}A^{-1}$ の積が単位行列 I になることで証明できます。

$$\begin{aligned}
(AB)(B^{-1}A^{-1}) &= A(BB^{-1})A^{-1} &\text{結合法則より} \\
&= AIA^{-1} &BB^{-1} = I \text{ より} \\
&= (AI)A^{-1} &\text{結合法則より} \\
&= AA^{-1} &AI = A \text{ より} \\
&= I &AA^{-1} = I \text{ より}
\end{aligned}$$

したがって、行列 $B^{-1}A^{-1}$ は行列 AB の逆行列です。
(証明終わり)

補足

解答 5-1 から、

$$(AB)^{-1} = B^{-1}A^{-1}$$

が成り立つことがわかります。

●**問題 5-2**（回転行列の逆行列）
角度 θ をパラメータに持つ回転行列 R_θ を、
$$R_\theta = \begin{pmatrix} \cos\theta & -\sin\theta \\ \sin\theta & \cos\theta \end{pmatrix}$$
で定義します。このとき、$R_{-\theta}$ が R_θ の逆行列になることを証明してください。また、行列式 $|R_\theta|$ を求めてください。

■**解答 5-2**

R_θ と $R_{-\theta}$ の積を計算します。

$$R_\theta R_{-\theta} = \begin{pmatrix} \cos\theta & -\sin\theta \\ \sin\theta & \cos\theta \end{pmatrix} \begin{pmatrix} \cos(-\theta) & -\sin(-\theta) \\ \sin(-\theta) & \cos(-\theta) \end{pmatrix}$$

ここで、$\sin(-\theta) = -\sin\theta$ と $\cos(-\theta) = \cos\theta$ を使います。

$$= \begin{pmatrix} \cos\theta & -\sin\theta \\ \sin\theta & \cos\theta \end{pmatrix} \begin{pmatrix} \cos\theta & \sin\theta \\ -\sin\theta & \cos\theta \end{pmatrix}$$

$$= \begin{pmatrix} \cos\theta\cos\theta + \sin\theta\sin\theta & \cos\theta\sin\theta - \sin\theta\cos\theta \\ \sin\theta\cos\theta - \cos\theta\sin\theta & \sin\theta\sin\theta + \cos\theta\cos\theta \end{pmatrix}$$

$$= \begin{pmatrix} \cos^2\theta + \sin^2\theta & 0 \\ 0 & \sin^2\theta + \cos^2\theta \end{pmatrix}$$

ここで、$\cos^2\theta + \sin^2\theta = 1$ を使います。

$$= \begin{pmatrix} 1 & 0 \\ 0 & 1 \end{pmatrix}$$

積 $R_\theta R_{-\theta}$ が単位行列になるので、$R_{-\theta}$ は R_θ の逆行列です。
（証明終わり）

行列式 $|R_\theta|$ は、

$$|R_\theta| = \cos^2\theta + \sin^2\theta = 1$$

より、1 になります。

補足

原点を回転の中心として θ の回転を行う線型変換と $-\theta$ 回転を行う線型変換は、互いに逆変換の関係にあることがわかります。

また、行列式が 1 なので、回転行列による線型変換では面積が変わらないことも確かめられました。

計算の途中で使ったのは、

$$\begin{cases} \sin(-\theta) = -\sin\theta & \sin\theta \text{ は奇関数} \\ \cos(-\theta) = \cos\theta & \cos\theta \text{ は偶関数} \\ \cos^2\theta + \sin^2\theta = 1 & \text{単位円の円周上にある点と原点の距離は 1} \end{cases}$$

という三角関数の性質です。

●**問題 5-3**（零行列）

A, X は 2×2 行列で、

$$AX = O$$

とします。$|A| \neq 0$ ならば、$X = O$ であることを証明してください。

■解答 5-3

$|A| \neq 0$ なので、A の逆行列 A^{-1} が存在します。したがって、

$$AX = O$$

の両辺に左から A^{-1} を掛けて、

$$A^{-1}AX = A^{-1}O$$

が成り立ちます。

$A^{-1}AX = A^{-1}O$	上の式から
$IX = A^{-1}O$	$A^{-1}A = I$ から
$X = A^{-1}O$	$IX = X$ から
$X = O$	$A^{-1}O = O$ から

したがって、

$$X = O$$

がいえました。
（証明終わり）

補足

$AX = O$ のとき、X について何がいえるか考えます。解答 5-3 から、

$|A| \neq 0$ ならば $X = O$ である

がいえます。しかし、

$A \neq O$ ならば $X = O$

とは**いえません**。A と X は零因子かもしれないからです。

●問題 5-4（零因子の構成）

A, X は 2×2 行列で、

$$A \neq O \text{ かつ } X \neq O \text{ かつ } AX = O$$

とします。

$$A = \begin{pmatrix} a & b \\ c & d \end{pmatrix} \text{ かつ } |A| = 0$$

として、X の例を一つ見つけてください。

■解答 5-4

$$X = \begin{pmatrix} d & -b \\ -c & a \end{pmatrix}$$

検算

$A \neq O$ より a, b, c, d の中には 0 でない成分が少なくとも一つありますので、

$$X = \begin{pmatrix} d & -b \\ -c & a \end{pmatrix} \neq O$$

がいえます。

$AX = O$ を確かめます。

$$AX = \begin{pmatrix} a & b \\ c & d \end{pmatrix} \begin{pmatrix} d & -b \\ -c & a \end{pmatrix}$$

$$= \begin{pmatrix} ad + b(-c) & a(-b) + ba \\ cd + d(-c) & c(-b) + da \end{pmatrix}$$

$$= \begin{pmatrix} ad - bc & -ab + ab \\ cd - cd & ad - bc \end{pmatrix}$$

$$= \begin{pmatrix} ad - bc & 0 \\ 0 & ad - bc \end{pmatrix}$$

ここで、$|A| = 0$ より、$ad - bc = 0$ ですから、

$$AX = O$$

がいえます。

補足

この解答は、$ad - bc$ の値が 0 であろうがなかろうが、

$$\begin{pmatrix} a & b \\ c & d \end{pmatrix} \underline{\begin{pmatrix} d & -b \\ -c & a \end{pmatrix}} = (ad - bc) \begin{pmatrix} 1 & 0 \\ 0 & 1 \end{pmatrix}$$

であることを利用して見つけました。波線部分の行列は、$ad - bc \neq 0$ のときの逆行列、

$$\begin{pmatrix} a & b \\ c & d \end{pmatrix}^{-1} = \frac{1}{ad - bc} \underline{\begin{pmatrix} d & -b \\ -c & a \end{pmatrix}}$$

に登場するものです。

●問題 5-5（ケイリー・ハミルトンの定理）

2×2 行列 A が、

$$A = \begin{pmatrix} a & b \\ c & d \end{pmatrix}$$

のとき、

$$A^2 - (a+d)A + (ad-bc)I = O$$

が成り立つことを証明してください。

ただし、$I = \begin{pmatrix} 1 & 0 \\ 0 & 1 \end{pmatrix}, O = \begin{pmatrix} 0 & 0 \\ 0 & 0 \end{pmatrix}$ とします。

■解答 5-5

$A^2, (a+d)A, (ad-bc)I$ の成分をそれぞれ計算します。

$$A^2 = \begin{pmatrix} a & b \\ c & d \end{pmatrix}^2$$

$$= \begin{pmatrix} a^2 + bc & ab + bd \\ ac + cd & bc + d^2 \end{pmatrix}$$

$$= \begin{pmatrix} a^2 + bc & (a+d)b \\ (a+d)c & bc + d^2 \end{pmatrix}$$

$$(a+d)A = (a+d)\begin{pmatrix} a & b \\ c & d \end{pmatrix}$$

$$= \begin{pmatrix} a^2 + ad & (a+d)b \\ (a+d)c & ad + d^2 \end{pmatrix}$$

$$(ad - bc)I = (ad - bc)\begin{pmatrix} 1 & 0 \\ 0 & 1 \end{pmatrix}$$
$$= \begin{pmatrix} ad - bc & 0 \\ 0 & ad - bc \end{pmatrix}$$

したがって、

$A^2 - (a+d)A + (ad-bc)I$
$= \begin{pmatrix} a^2 + bc & (a+d)b \\ (a+d)c & bc + d^2 \end{pmatrix} - \begin{pmatrix} a^2 + ad & (a+d)b \\ (a+d)c & ad + d^2 \end{pmatrix} + \begin{pmatrix} ad - bc & 0 \\ 0 & ad - bc \end{pmatrix}$
$= \begin{pmatrix} 0 & 0 \\ 0 & 0 \end{pmatrix}$
$= O$

となり、

$$A^2 - (a+d)A + (ad-bc)I = O$$

がいえました。

(証明終わり)

●**問題 5-6**(行列式と面積)

四点 $\begin{pmatrix} 0 \\ 0 \end{pmatrix}, \begin{pmatrix} 1 \\ 0 \end{pmatrix}, \begin{pmatrix} 1 \\ 1 \end{pmatrix}, \begin{pmatrix} 0 \\ 1 \end{pmatrix}$ で囲まれた正方形(面積 1)を行列 $\begin{pmatrix} a & b \\ c & d \end{pmatrix}$ で変換して得られる平行四辺形の面積は、$|ad - bc|$ になることを確かめましょう(ここでは簡単のため面積が 0 になる場合も含めて平行四辺形として考えます)。

■解答 5-6

得られる平行四辺形の四頂点は $\begin{pmatrix}0\\0\end{pmatrix}, \begin{pmatrix}a\\c\end{pmatrix}, \begin{pmatrix}a+b\\c+d\end{pmatrix}, \begin{pmatrix}b\\d\end{pmatrix}$ になります。

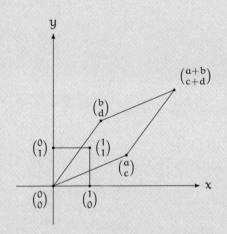

二つのベクトル $\vec{a}$ と $\vec{b}$ を、

$$\vec{a} = \begin{pmatrix}a\\c\end{pmatrix}, \ \vec{b} = \begin{pmatrix}b\\d\end{pmatrix}$$

と定義すると、平行四辺形の面積（底辺 × 高さ）は二つのベクトル $\vec{a}$ と $\vec{b}$ のなす角の大きさを θ として、

$$|\vec{a}||\vec{b}|\sin\theta$$

になります（$0 \leqq \theta \leqq \pi$ として $\sin\theta \geqq 0$）。

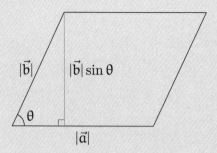

ここで、$|\vec{a}|$ と $|\vec{b}|$ は $\vec{a}$ と $\vec{b}$ の大きさをそれぞれ表すものとします。

$\vec{a} = \begin{pmatrix} a \\ c \end{pmatrix}$ なので、$|\vec{a}|$ は具体的に成分を使って、

$$|\vec{a}| = \sqrt{a^2 + c^2}$$

と書けます。

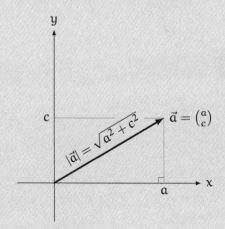

同様に、

$$|\vec{b}| = \sqrt{b^2 + d^2}$$

です。

平行四辺形の面積を S として、S^2 を計算します。

$S^2 = |\vec{a}|^2|\vec{b}|^2 \sin^2\theta$ 　　　　　二乗した

$= |\vec{a}|^2|\vec{b}|^2(1 - \cos^2\theta)$ 　　　　　$\cos^2\theta + \sin^2\theta =$ から

$= |\vec{a}|^2|\vec{b}|^2 - |\vec{a}|^2|\vec{b}|^2\cos^2\theta$ 　　　　　展開した

$= |\vec{a}|^2|\vec{b}|^2 - (|\vec{a}||\vec{b}|\cos\theta)^2$ 　　　　　積をまとめた

$= \left(\sqrt{a^2+c^2}\right)^2 \left(\sqrt{b^2+d^2}\right)^2 - (|\vec{a}||\vec{b}|\cos\theta)^2$ 　ベクトルの大きさ

$= \left(\sqrt{a^2+c^2}\right)^2 \left(\sqrt{b^2+d^2}\right)^2 - (ab+cd)^2$ 　内積の成分表示

$= (a^2+c^2)(b^2+d^2) - (ab+cd)^2$ 　　　　　ルートの二乗

$= (a^2b^2 + a^2d^2 + c^2b^2 + c^2d^2)$
　　$- (a^2b^2 + 2abcd + c^2d^2)$ 　　　　　展開

$= a^2d^2 - 2abcd + c^2b^2$ 　　　　　a^2b^2 と c^2d^2 が消える

$= (ad)^2 - 2(ad)(bc) + (bc)^2$ 　　　　　二乗をまとめる

$= (ad - bc)^2$ 　　　　　因数分解

したがって、

$$S^2 = (ad - bc)^2$$

となり、

$$S = |ad - bc|$$

が導けました。

補足*

> **ベクトルの内積（定義）**
> $$\vec{a} \cdot \vec{b} = |\vec{a}||\vec{b}| \cos \theta$$

> **ベクトルの内積（成分表示）**
> $\vec{a} = \binom{a}{c}, \vec{b} = \binom{b}{d}$ のとき、$\vec{a}$ と $\vec{b}$ の内積 $\vec{a} \cdot \vec{b}$ は以下のように表せる。
> $$\vec{a} \cdot \vec{b} = ab + cd$$

---

* 『数学ガールの秘密ノート／ベクトルの真実』参照。

注意

$|\vec{a}|$ と $|a|$ と $|A|$ と $\left|\begin{smallmatrix} a & b \\ c & d \end{smallmatrix}\right|$ とは、

$$|\ \ |$$

という同じ記号を使っていますが、意味が異なります。

- ベクトル $\vec{a}$ に対して、$|\vec{a}|$ はベクトルの大きさを表します。
- 数 a に対して、$|a|$ は a の絶対値を表します。
- 行列 A に対して、$|A|$ は A の行列式を表します。
- 行列 $\begin{pmatrix} a & b \\ c & d \end{pmatrix}$ に対して、$\left|\begin{smallmatrix} a & b \\ c & d \end{smallmatrix}\right|$ は $\begin{pmatrix} a & b \\ c & d \end{pmatrix}$ の行列式を表します。

困ったことに、行列 A が 1×1 行列 $A = (a)$ としたとき、A の行列式 $|A|$ は成分を使って $|a|$ となりますが、これは数 a の絶対値 $|a|$ と表記上は区別が付かないことになります。1×1 行列 (-1) の行列式 $|-1|$ の値は -1 ですが、数 -1 の絶対値 $|-1|$ は 1 です。

行列式を $|\ \ |$ ではなく $\det$ を使って表すと、行列 $A = (a)$ の行列式は、$\det A = \det(a)$ と表せますので、数 a の絶対値 $|a|$ と区別できます。

もっと考えたいあなたのために

　本書の数学トークに加わって「もっと考えたい」というあなたのために、研究問題を以下に挙げます。解答は本書に書かれていませんし、たった一つの正解があるとも限りません。

　あなた一人で、あるいはこういう問題を話し合える人たちといっしょに、じっくり考えてみてください。

第1章 ゼロを作ろう

●研究問題 1-X1（0 は唯一）

本文中で「どんな数 a に対しても $a+0$ と a の値は等しい。0 はそういう数だし、そういう数は 0 だけ」という説明が出てきました（p. 2）。このような性質を持つ数は 0 以外には存在しないことを証明してください。

ヒント：もしも、

- 数 x_1 は、
  どんな数 a に対しても $a+x_1 = a$ が成り立つ
- 数 x_2 は、
  どんな数 a に対しても $a+x_2 = a$ が成り立つ

としたならば、

$$x_1 = x_2$$

であることを証明してください。

●研究問題 1-X2（行列の移項）

$m \times n$ 行列 A, B, C について、

$$A + B = C$$

が成り立つとします。このとき、

$$A = C - B$$

が成り立つことを証明してください。

●研究問題 1-X3（行列の総和）

$A_1, A_2, \ldots, A_N$ はすべて $m \times n$ 行列であるとします。行列の総和、

$$\sum_{k=1}^{N} A_k$$

はどのように定義できますか。

第2章 イチを作ろう

●**研究問題 2-X1**（行列のイチを考える）

第2章の最初、ユーリは $\begin{pmatrix} 1 & 1 \\ 1 & 1 \end{pmatrix}$ を行列のイチだと考えました。それでは、

$$N = \begin{pmatrix} 1 & 1 \\ 1 & 1 \end{pmatrix}$$

として行列 N の性質を自由に調べてみましょう。たとえば、2N と 3N の和は 5N になるでしょうか。また、2N と 3N の積は 6N になるでしょうか。

●**研究問題 2-X2**（逆行列の定義）
第 2 章では A の逆行列を、

$$AX = I$$

を満たす X として定義しました。このような X が存在するとき、

$$XA = I$$

が成り立つことを証明してください。
また、行列 Y が、

$$YA = I$$

を満たすとき、

$$X = Y$$

が成り立つことを証明しましょう。

●**研究問題 2-X3**（逆行列の存在）
第 2 章で行列 $\begin{pmatrix} a & b \\ c & d \end{pmatrix}$ の逆行列を求めました（p. 80）。$ad - bc \neq 0$ のとき、

$$\begin{pmatrix} a & b \\ c & d \end{pmatrix}^{-1} = \frac{1}{ad - bc} \begin{pmatrix} d & -b \\ -c & a \end{pmatrix}$$

になります。それでは、$ad - bc = 0$ のとき、$\begin{pmatrix} a & b \\ c & d \end{pmatrix}$ の逆行列が存在しないことを証明しましょう。

●**研究問題 2-X4**(逆行列の一意性)

$ad - bc \neq 0$ とします。$\begin{pmatrix} a & b \\ c & d \end{pmatrix}$ の逆行列は、

$$\frac{1}{ad-bc}\begin{pmatrix} d & -b \\ -c & a \end{pmatrix}$$

以外に存在しないことを証明しましょう。

●**研究問題 2-X5**(合同式)

整数 m と n に対して「m を 6 で割ったときの余り」と「n を 6 で割ったときの余り」が等しいことを、

$$m \equiv n \pmod 6$$

と表し、余りが等しくないことを、

$$m \not\equiv n \pmod 6$$

と表すことにします。このとき、

$$\begin{aligned} a &\not\equiv 0 \pmod 6 \\ \text{かつ}\quad b &\not\equiv 0 \pmod 6 \\ \text{かつ}\quad ab &\equiv 0 \pmod 6 \end{aligned}$$

を満たす整数 a と b の組はありますか。また、6 で割ったときの余りではなく、7 で割ったときの余りで考えた場合にはどうですか。

●**研究問題 2-X6**（積の定義）

第 2 章で「僕」は「二つの行列を掛けるとき、左側の行列では成分を行にそって**横に見ていく**。そして右側の行列では成分を列にそって**縦に見ていく**。そして、成分同士について《掛けて、掛けて、足す》という計算をするんだよ」と話していました（p. 44）。もしも、二つの行列の成分を両方縦に見ていったり、両方横に見ていったら、それぞれどんな計算になるでしょうか。また、左側の行列では成分を縦に見ていき、右側の行列では成分を横に見ていったら、どんな計算になるでしょうか。自由に考えてみましょう。

●**研究問題 2-X7**（数の積の拡張）

第 2 章「数の積から行列の積を作る話」（p. 82）では、x と y という二つのサイフを考えました。もう一つのサイフ z を増やして同じように考えてみましょう。一般化して、サイフが m 個ある場合や、コインが k 種類ある場合についても考えてみましょう。

第3章 アイを作ろう

●研究問題 3-X1（2乗すると $-I$ になる行列）

第3章でテトラちゃんと「僕」は、虚数単位 i の類似物として、

$$\begin{pmatrix} a & b \\ -\frac{a^2+1}{b} & -a \end{pmatrix}$$

という行列を求めました。ミルカさんは $a=0, b=-1$ とした行列を考えましたが、$a=0, b=1$ とした行列、

$$\begin{pmatrix} 0 & 1 \\ -1 & 0 \end{pmatrix}$$

はどんな性質を持つでしょうか。またそもそも、

$$\begin{pmatrix} a & b \\ -\frac{a^2+1}{b} & -a \end{pmatrix}$$

という行列は、いったいどんな性質を持つでしょうか。自由に考えてみましょう。

●**研究問題 3-X2**（隣接行列）

第 3 章でテトラちゃんは行列が何を表しているかを気にしていました。ここではグラフ理論の**隣接行列**（adjacency matrix）を考えましょう。隣接行列とはグラフの頂点 j から頂点 k へ行く場合の数を表す行列です。以下のグラフの場合、①,②,③という三個の頂点があり、それぞれの頂点を結ぶ辺があります。

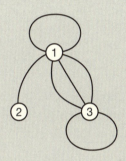

このグラフの隣接行列 A は、

$$A = \begin{pmatrix} a_{11} & a_{12} & a_{13} \\ a_{21} & a_{22} & a_{23} \\ a_{31} & a_{32} & a_{33} \end{pmatrix} = \begin{pmatrix} 2 & 1 & 3 \\ 1 & 0 & 0 \\ 3 & 0 & 2 \end{pmatrix}$$

になります。たとえば、$a_{13} = 3$ は頂点 1 から頂点 3 へ行く場合の数が 3 通りあることを表しますし、$a_{33} = 2$ は、頂点 3 から頂点 3 自身へ行く場合の数が 2 通りあることを表します。このとき、行列 A^2 は何を表しますか。一般に A^n は何を表しますか。また、単位行列を隣接行列に持つグラフはどのような形になりますか。隣接行列の和、積、逆行列についても自由に考えてみましょう。

●研究問題 3-X3（結合法則）

第3章では、行列の積についての結合法則が話題になりました。3個の行列の積 ABC を「二つの行列の積」で表す場合の数は、

$$A(BC), \quad (AB)C$$

の2通りです。

行列4個の積 ABCD を「行列2個の積の繰り返し」で表す場合の数は、

A(B(CD)), A((BC)D), (AB)(CD), (A(BC))D, ((AB)C)D

の5通りです。

それでは、行列5個の積 ABCDE を「行列2個の積の繰り返し」で表す場合の数は何通りありますか。

●**研究問題 3-X4**（行列をブロックに分ける）

$n \times n$ 行列の零行列を O_n とし、単位行列を I_n とします。2×2 行列を1個のブロックとし、4×4 行列は次のように4個のブロックからできていると考えましょう。

$$A_4 = \begin{pmatrix} a_{11} & a_{12} & a_{13} & a_{14} \\ a_{21} & a_{22} & a_{23} & a_{24} \\ \hline a_{31} & a_{32} & a_{33} & a_{34} \\ a_{41} & a_{42} & a_{43} & a_{44} \end{pmatrix}$$

$$= \begin{pmatrix} A_{11} & A_{12} \\ A_{21} & A_{22} \end{pmatrix}$$

$$O_4 = \begin{pmatrix} 0 & 0 & 0 & 0 \\ 0 & 0 & 0 & 0 \\ \hline 0 & 0 & 0 & 0 \\ 0 & 0 & 0 & 0 \end{pmatrix}$$

$$= \begin{pmatrix} O_2 & O_2 \\ O_2 & O_2 \end{pmatrix}$$

$$I_4 = \begin{pmatrix} 1 & 0 & 0 & 0 \\ 0 & 1 & 0 & 0 \\ \hline 0 & 0 & 1 & 0 \\ 0 & 0 & 0 & 1 \end{pmatrix}$$

$$= \begin{pmatrix} I_2 & O_2 \\ O_2 & I_2 \end{pmatrix}$$

このとき、

$$\begin{pmatrix} A_2 & B_2 \\ C_2 & D_2 \end{pmatrix} \begin{pmatrix} W_2 & X_2 \\ Y_2 & Z_2 \end{pmatrix}$$

という 4×4 行列の積は、2×2 行列を使って表現できますか。

●研究問題 3-X5（$n \times n$ 行列での分配法則と結合法則）
問題 3-2,3-3 の別解と同じように考えて、$n \times n$ 行列での分配法則と結合法則を証明してみましょう。

●研究問題 3-X6（線型独立）
I を単位行列、J を成分が実数の行列（実行列）とし、
$$J^2 = -I$$
が成り立っているとします。このとき、実数 p, q に対して、
$$pI + qJ = O \iff p = 0 \text{ かつ } q = 0$$
が成り立つことを証明してください[*]。ここで I, J が必ずしも 2×2 行列でなくても成り立つことに注意しましょう。

---

[*] 『数学ガール／ガロア理論』「第 6 章 天空を支えるもの」参照。

第4章 星空トランスフォーム

●**研究問題 4-X1**(形も大きさも変えない線型変換)
第 4 章でテトラちゃんは、形も大きさも変えない線型変換を《具体的なもの》と考えていたようです(p.161)。回転行列が表すもの以外で、形も大きさも変えない線型変換はありますか。また、形も大きさも変えない線型変換という条件は行列の成分を使ってどのように表現できるでしょうか。

●**研究問題 4-X2**(線型変換と曲線)
座標平面上に描かれた曲線は、行列でどのような図形に変換されるでしょうか。たとえば、円、放物線、双曲線など、あなたの知っている曲線について考えてみましょう。

●**研究問題 4-X3**(総和と線型性)
第 4 章でテトラちゃんと「僕」が aI という行列について話し合っていました(p.151)。そこでは $a > 1, a = 1, 0 < a < 1, a = 0$ という四通りの場合について考えていましたが、$a < 0$ の場合についても考えてみましょう。

●**研究問題 4-X4**（総和と線型性）

第4章では、微分、積分、期待値、行列による変換などの線型性が話題になりました。総和（$\sum$）の線型性についても考えてみましょう。

$$\sum_{k=1}^{n} (aa_k + bb_k) = a \sum_{k=1}^{n} a_k + b \sum_{k=1}^{n} b_k$$

その他にも極限（lim）やベクトルの内積（·）の線型性についても考えてみましょう。

●**研究問題 4-X5**（虚数単位 i の類似物）

第3章でテトラちゃんと「僕」は、虚数単位 i の類似物として、

$$\begin{pmatrix} a & b \\ -\frac{a^2+1}{b} & -a \end{pmatrix}$$

という行列を求めました（p. 119）。$a = 0, b = -1$ のとき、この行列は $\frac{\pi}{2}$ の回転を行う変換を表しているといえます。ではたとえば $a = 1, b = 1$ のとき、この行列はどんな変換を表しているといえるでしょうか。座標平面に描いた格子がどのように変化するか、図に描いて考えてみましょう。

第5章 行列式で決まるもの

●**研究問題 5-X1**(積の行列式は、行列式の積)
任意の 2×2 行列 A, B に対して、

$$|AB| = |A||B|$$

が成り立つことを証明してください。

●**研究問題 5-X2**(積の行列式が1になる行列)
次の式を満たす 2×2 行列 A と B は、どのような関係にある線型変換ですか。

$$|AB| = 1$$

●**研究問題 5-X3**(ゼロみたいな行列)
第5章で、ユーリは「ゼロみたいな行列」として「零行列と、零因子と、行列式が0の行列」の三種類を挙げました (p. 220)。この三種類の関係を整理しましょう。たとえば、行列式が0の行列は、零行列か零因子のいずれかであるといえるでしょうか。

●研究問題 5-X4（行列式が 1 の線型変換）
第 4 章と第 5 章では、さまざまな行列が表す線型変換を調べました。r を実数とし、

$$\begin{pmatrix} 1 & r \\ 0 & 1 \end{pmatrix}$$

という行列はどんな線型変換を表すか調べましょう。
また、$\left|\begin{smallmatrix} 1 & r \\ 0 & 1 \end{smallmatrix}\right| = 1$ ですが、一般に、

$$\begin{vmatrix} a & b \\ c & d \end{vmatrix} = 1$$

となる行列 $\begin{pmatrix} a & b \\ c & d \end{pmatrix}$ はどんな線型変換を表すでしょうか。

●研究問題 5-X5（行列式と内積）
行列 $\begin{pmatrix} a & b \\ c & d \end{pmatrix}$ の行列式は、

$$ad - bc$$

で表されます。また二つのベクトル $\begin{pmatrix} a \\ c \end{pmatrix}$ と $\begin{pmatrix} b \\ d \end{pmatrix}$ の内積は、

$$ab + cd$$

で表されます。$ad - bc$ と $ab + cd$ という二つの式の関係について自由に考えてみましょう。行列式が 0 であることはベクトルの内積を使ってどのように表せるでしょうか。

● **研究問題 5-X6**（行列と数の類似）

$\begin{pmatrix} a & 0 \\ 0 & 0 \end{pmatrix}$ という形の行列が持つ性質について調べてみましょう。$\begin{pmatrix} a & 0 \\ 0 & 0 \end{pmatrix}$ と $\begin{pmatrix} b & 0 \\ 0 & 0 \end{pmatrix}$ という行列の和、差、積、そして逆行列を調べ、数 a と数 b との類似点や相違点について考えましょう。$\begin{pmatrix} a & 0 \\ 0 & 1 \end{pmatrix}$ と $\begin{pmatrix} b & 0 \\ 0 & 1 \end{pmatrix}$ という形の行列についても同じように考えましょう。

● **研究問題 5-X7**（直線の方程式）

第5章本文で、$\begin{pmatrix} 2 & 2 \\ 1 & 1 \end{pmatrix}$ で座標平面を変換すると、一つの直線になりました（p. 201）。この直線の方程式を求めてください。また一般に、$\left| \begin{matrix} a & b \\ c & d \end{matrix} \right| = 0$ かつ $\begin{pmatrix} a & b \\ c & d \end{pmatrix} \neq O$ である 2×2 行列 $\begin{pmatrix} a & b \\ c & d \end{pmatrix}$ が、座標平面全体を変換したときに得られる直線の方程式を求めてください。

● **研究問題 5-X8**（行列の冪乗）

$A = \begin{pmatrix} 2 & -1 \\ 3 & -1 \end{pmatrix}$ としたとき、

$$A^5 + A^4 + A^3 + A^2 + A + I$$

を求めてください。また、n を正の整数として、

$$A^n$$

を求めてください。

●研究問題 5-X9（連立方程式と行列）

第5章本文ではユーリが連立方程式を半ば暗算で解いていました（p. 212）。以下では、x, y の二つの未知数を持つ連立方程式を解く様子をステップ・バイ・ステップで示し、それを 2×2 行列で表現しています。各ステップで何を行っているかを詳しく研究しましょう。また、同じようにして x, y, z の三つの未知数を持つ連立方程式を解くステップを 3×3 行列で表現してみましょう。

$$\begin{cases} x + y = 5 \\ 2x + 4y = 16 \end{cases} \qquad \begin{pmatrix} 1 & 1 \\ 2 & 4 \end{pmatrix} \begin{pmatrix} x \\ y \end{pmatrix} = \begin{pmatrix} 5 \\ 16 \end{pmatrix}$$

$$\downarrow \qquad\qquad\qquad \downarrow$$

$$\begin{cases} 4x + 4y = 20 \\ 2x + 4y = 16 \end{cases} \qquad \begin{pmatrix} 4 & 4 \\ 2 & 4 \end{pmatrix} \begin{pmatrix} x \\ y \end{pmatrix} = \begin{pmatrix} 20 \\ 16 \end{pmatrix}$$

$$\downarrow \qquad\qquad\qquad \downarrow$$

$$\begin{cases} 2x = 4 \\ 2x + 4y = 16 \end{cases} \qquad \begin{pmatrix} 2 & 0 \\ 2 & 4 \end{pmatrix} \begin{pmatrix} x \\ y \end{pmatrix} = \begin{pmatrix} 4 \\ 16 \end{pmatrix}$$

$$\downarrow \qquad\qquad\qquad \downarrow$$

$$\begin{cases} x = 2 \\ 2x + 4y = 16 \end{cases} \qquad \begin{pmatrix} 1 & 0 \\ 2 & 4 \end{pmatrix} \begin{pmatrix} x \\ y \end{pmatrix} = \begin{pmatrix} 2 \\ 16 \end{pmatrix}$$

$$\downarrow \qquad\qquad\qquad \downarrow$$

$$\begin{cases} x = 2 \\ x + 2y = 8 \end{cases} \qquad \begin{pmatrix} 1 & 0 \\ 1 & 2 \end{pmatrix} \begin{pmatrix} x \\ y \end{pmatrix} = \begin{pmatrix} 2 \\ 8 \end{pmatrix}$$

$$\downarrow \qquad\qquad\qquad \downarrow$$

$$\begin{cases} x = 2 \\ 2y = 6 \end{cases} \qquad \begin{pmatrix} 1 & 0 \\ 0 & 2 \end{pmatrix} \begin{pmatrix} x \\ y \end{pmatrix} = \begin{pmatrix} 2 \\ 6 \end{pmatrix}$$

$$\downarrow \qquad\qquad\qquad \downarrow$$

$$\begin{cases} x = 2 \\ y = 3 \end{cases} \qquad \begin{pmatrix} 1 & 0 \\ 0 & 1 \end{pmatrix} \begin{pmatrix} x \\ y \end{pmatrix} = \begin{pmatrix} 2 \\ 3 \end{pmatrix}$$

あとがき

こんにちは、結城浩です。

『数学ガールの秘密ノート／行列が描くもの』をお読みいただきありがとうございます。

本書では、主に 2×2 行列を題材として、零行列、単位行列、行列の演算、行列式、逆行列、零因子、そして線型変換（一次変換）が話題になりました。行列に関連した彼女たちの数学トークを楽しんでいただけましたか。

行列は高校で学ぶ時代もあれば、学ばない時代もあります。しかし、行列の幅広い応用を考えるなら行列を学ぶことはとても大切です。本書を通して、ぜひ行列に親しんでくださいね。

本書は、ケイクス（cakes）での Web 連載「数学ガールの秘密ノート」第 111 回から第 120 回までを再編集したものです。本書を読んで「数学ガールの秘密ノート」シリーズに興味を持った方は、ぜひ Web 連載もお読みください。

「数学ガールの秘密ノート」シリーズは、やさしい数学を題材にして、中学生のユーリ、高校生のテトラちゃん、ミルカさん、それに「僕」が楽しい数学トークを繰り広げる物語です。今回はコンピュータ少女のリサも登場しましたね。

同じキャラクタたちが活躍する「数学ガール」シリーズという別のシリーズもあります。こちらは、より幅広い数学にチャレンジする数学青春物語です。ぜひこちらのシリーズにも手を伸ばし

てみてください。

「数学ガールの秘密ノート」と「数学ガール」の二つのシリーズ、どちらも応援してくださいね。

本書は、$\LaTeX 2_\varepsilon$ と Euler フォント (AMS Euler) を使って組版しました。組版では、奥村晴彦先生の『$\LaTeX 2_\varepsilon$ 美文書作成入門』に助けられました。感謝します。図版は、OmniGraffle, TikZ, TEX2img を使って作成しました。感謝します。

執筆途中の原稿を読み、貴重なコメントを送ってくださった、以下の方々と匿名の方々に感謝します。当然ながら、本書中に残っている誤りはすべて筆者によるものであり、以下の方々に責任はありません。

青木健一さん、安福智明さん、安部哲哉さん、荒武永史さん、
井川悠祐さん、石井遥さん、石宇哲也さん、稲葉一浩さん、
上原隆平さん、植松弥公さん、大久保快爽さん、
岡内孝介さん、鏡弘道さん、木村巌さん、
とあるけみすとさん、中吉実優さん、
類太郎さん（@reviewer_amzn_m）、藤田博司さん、
古屋映実さん、梵天ゆとりさん（メダカカレッジ）、
前原正英さん、増田菜美さん、松浦篤史さん、松森至宏さん、
三宅喜義さん、村井建さん、森木達也さん、山田泰樹さん、
米内貴志さん、渡邊佳さん。

「数学ガールの秘密ノート」と「数学ガール」の両シリーズをずっと編集してくださっている、SBクリエイティブの野沢喜美男編集長に感謝します。

ケイクスの加藤貞顕さんに感謝します。
執筆を応援してくださっているみなさんに感謝します。
最愛の妻と二人の息子に感謝します。
本書を最後まで読んでくださり、ありがとうございます。
では、次回の『数学ガールの秘密ノート』でお会いしましょう！

2018年9月
結城 浩
http://www.hyuki.com/girl/

参考文献と読書案内

[1] 高橋正明, 『モノグラフ 行列』, 科学新興新社, ISBN978-4-89428-177-6, 1989 年.

　　行列の演算と線型変換について学べる、高校生向けの手頃な参考書・問題集です。

[2] 平岡和幸＋堀玄, 『プログラミングのための線形代数』, オーム社, ISBN978-4-274-06578-1, 2004 年.

　　線型代数を実際に役立てることを目標にした、数学の専門家ではない人向けに書かれた参考書です。行列のさまざまな概念を多くの図版を通じてわかりやすく伝えています。

[3] 志賀浩二, 『線形代数 30 講』, 朝倉書店, ISBN978-4-254-11477-5, 1988 年.

　　ステップ・バイ・ステップで線型代数を学べる数学書です。連立方程式から始まり、ベクトル空間、線型変換、行列式、固有値問題まで解説しています。

[4] 志賀浩二, 『線形という構造へ』, 紀伊國屋書店, ISBN978-4-314-01046-7, 2009 年.

　　有限次元の線型空間と、無限次元の線型空間という二部構成で「線型性」という概念にせまる数学書です。

索引

記号

A^{-1}　70
$|A|$　205, 210
$\det A$　210
E　115
I　39
O　39
ω のワルツ　124

欧文

determinant　210
Euler フォント　318

ア

《与えられているものは何か》　75
因数分解　5

カ

可換　95
《掛けて、掛けて、足す》　42, 92, 213
かつ　27, 36, 245
逆行列　70, 195
逆数　67, 68
行　9, 13
行列　7, 12
行列式　205, 210, 296
虚数単位　113
ケイリー・ハミルトンの定理　225, 232, 290
結合法則　106, 109, 191
原点　135
交換法則　36, 94, 247
合成　187
恒等変換　196
コンマ　245

サ

座標平面　135
始域　177
指数法則　110
実行列　115
写像　142, 177
終域　177
集合　93, 143, 177
象限　144
数学的主張　161
数学的対象　161
成分　18
正方行列　11

積 43
関孝和 211
《積の形》 5
絶対値 296
ゼロ 1, 220
零因子 62, 220
零行列 22, 220
線型性 163
線型変換 162, 178
《先生トーク》 20
相等 26

タ

対角成分 259
単位行列 37, 110, 232
値域 178
定義 7
定義域 177
テトラちゃん iv
テレパシー 219
同値 4

ナ

内積 59, 295, 312
任意 96

ハ

媒介表示 283
パラメータ表示 283
判別式 127, 206
反例 99

比例 149, 154
不思議な数 6, 61
部分否定 96
分配法則 104
冪乗 109
変換 143, 178
僕 iv

マ

または 3, 27, 245
ミルカさん iv
文字 54, 106, 148
《求めるものは何か》 75

ヤ

ユーリ iv
要素 18

ラ

ライプニッツ 211
リサ iv
隣接行列 305
零因子 62, 220
零行列 22, 220
《例示は理解の試金石》 98
列 9, 13
連立方程式 211

ワ

和 16
《和の形》 6

●結城浩の著作

『C言語プログラミングのエッセンス』, ソフトバンク, 1993（新版：1996）
『C言語プログラミングレッスン　入門編』, ソフトバンク, 1994
　　（改訂第2版：1998）
『C言語プログラミングレッスン　文法編』, ソフトバンク, 1995
『Perlで作るCGI入門　基礎編』, ソフトバンクパブリッシング, 1998
『Perlで作るCGI入門　応用編』, ソフトバンクパブリッシング, 1998
『Java言語プログラミングレッスン（上）（下）』,
　　ソフトバンクパブリッシング, 1999（改訂版：2003）
『Perl言語プログラミングレッスン　入門編』,
　　ソフトバンクパブリッシング, 2001
『Java言語で学ぶデザインパターン入門』,
　　ソフトバンクパブリッシング, 2001（増補改訂版：2004）
『Java言語で学ぶデザインパターン入門　マルチスレッド編』,
　　ソフトバンクパブリッシング, 2002
『結城浩のPerlクイズ』, ソフトバンクパブリッシング, 2002
『暗号技術入門』, ソフトバンクパブリッシング, 2003
『結城浩のWiki入門』, インプレス, 2004
『プログラマの数学』, ソフトバンクパブリッシング, 2005
『改訂第2版Java言語プログラミングレッスン（上）（下）』,
　　ソフトバンククリエイティブ, 2005
『増補改訂版Java言語で学ぶデザインパターン入門　マルチスレッド編』,
　　ソフトバンククリエイティブ, 2006
『新版C言語プログラミングレッスン　入門編』,
　　ソフトバンククリエイティブ, 2006
『新版C言語プログラミングレッスン　文法編』,
　　ソフトバンククリエイティブ, 2006
『新版Perl言語プログラミングレッスン　入門編』,
　　ソフトバンククリエイティブ, 2006
『Java言語で学ぶリファクタリング入門』,
　　ソフトバンククリエイティブ, 2007
『数学ガール』, ソフトバンククリエイティブ, 2007
『数学ガール／フェルマーの最終定理』, ソフトバンククリエイティブ, 2008
『新版暗号技術入門』, ソフトバンククリエイティブ, 2008

『数学ガール／ゲーデルの不完全性定理』，
　　ソフトバンククリエイティブ，2009
『数学ガール／乱択アルゴリズム』，ソフトバンククリエイティブ，2011
『数学ガール／ガロア理論』，ソフトバンククリエイティブ，2012
『Java言語プログラミングレッスン　第3版（上・下）』，
　　ソフトバンククリエイティブ，2012
『数学文章作法　基礎編』，筑摩書房，2013
『数学ガールの秘密ノート／式とグラフ』，
　　ソフトバンククリエイティブ，2013
『数学ガールの誕生』，ソフトバンククリエイティブ，2013
『数学ガールの秘密ノート／整数で遊ぼう』，SBクリエイティブ，2013
『数学ガールの秘密ノート／丸い三角関数』，SBクリエイティブ，2014
『数学ガールの秘密ノート／数列の広場』，SBクリエイティブ，2014
『数学文章作法　推敲編』，筑摩書房，2014
『数学ガールの秘密ノート／微分を追いかけて』，SBクリエイティブ，2015
『暗号技術入門　第3版』，SBクリエイティブ，2015
『数学ガールの秘密ノート／ベクトルの真実』，SBクリエイティブ，2015
『数学ガールの秘密ノート／場合の数』，SBクリエイティブ，2016
『数学ガールの秘密ノート／やさしい統計』，SBクリエイティブ，2016
『数学ガールの秘密ノート／積分を見つめて』，SBクリエイティブ，2017
『プログラマの数学　第2版』，SBクリエイティブ，2018
『数学ガール／ポアンカレ予想』，SBクリエイティブ，2018

数学ガールの秘密ノート／行列が描くもの

2018年10月25日　初版発行

著　者：結城　浩
発行者：小川　淳
発行所：SBクリエイティブ株式会社
　　　　　〒106-0032　東京都港区六本木2-4-5
　　　　　営業　03(5549)1201
　　　　　編集　03(5549)1234
印　刷：株式会社リーブルテック
装　丁：米谷テツヤ
カバー・本文イラスト：たなか鮎子

落丁本，乱丁本は小社営業部にてお取り替え致します。
定価はカバーに記載されています。

Printed in Japan　　　　　　　　　　　　　　ISBN978-4-7973-9530-3